Beate Forsbach

Der Himmel hat einen neuen Stern

Abschied vom Seelenhund

Edition Mini
Große Gedanken in einem kleinen Buch

Bibliografische Information der Deutschen Nationalbibliothek
Die Deutsche Nationalbibliothek verzeichnet diese Publikation in der Deutschen Nationalbibliografie; detaillierte bibliografische Daten sind im Internet über http://dnb.d-nb.de abrufbar.

Edition Forsbach

Hundebücher mit Herz

www.edition-forsbach.de

Edition Mini: Große Gedanken in einem kleinen Buch, Band 22

Foto S. 56: © Eileen Kumpf – Adobe Stock
Coverfoto und alle anderen Fotos: © Dr. Beate Forsbach
Covergestaltung: Tim Gouder
Autorenfoto: © Theresia Berger

Druck und Bindung: CPI Druckdienstleistungen GmbH
Ferndinand-Jühlke-Str. 7, 99059 Erfurt
Printed in Germany
ISBN 978-3-95904-196-6 (Print)
ISBN 978-3-95904-197-3 (E-Book)

In liebevoller Erinnerung an
meine Seelenhündin Senta
und ihr Herrchen Hans Christian
(19.12.1937 – 10.2.2014)
Ihr wart meine besten Freunde.
Danke für all die Liebe, die ihr mir
und der Welt geschenkt habt.

Inhalt

Einleitung: Ein Seelenhund stirbt nie

Solange wir leben, werden auch sie leben.
Wenn wir uns erinnern, können wir sie sehen.
Und dann wissen wir, sie wandern neben uns,
ganz wie in alten Zeiten.

Meine Berner Sennenhündin Senta starb im Februar 2022, noch bevor ich mein Buch „Senta & ich. Vom Glück des Lebens mit einem Hund“ veröffentlicht hatte.

Ihr Gesundheitszustand hatte sich in wenigen Wochen rapide verschlechtert, und Anfang des Jahres musste ich erkennen, dass uns nicht mehr viel Zeit bleiben würde. Immer wieder schöpfte ich Hoffnung, nachdem der Tierarzt 10 Tage vor ihrem Tod nach einer Ultraschalluntersuchung eine palliative Behandlung vorgeschlagen hatte. Das hätte doch noch einige Monate dauern können!

Noch eine Woche, bevor ich sie endgültig gehen lassen musste, ging ich mit ihr im Bamberger Hain spazieren – wie jedes Wochenende. Und an dem Tag der letzten Ultraschalluntersuchung schlug mir eine Freundin vor, einen kleinen Welpen zu nehmen – auch zur möglichen Freude von Senta. Die kleine Hündin würde Mitte Juni zu mir kommen können, wo ich eigentlich einen Urlaub in Armentarola, unserem „kleinen Paradies“ in den Dolomiten, gebucht hatte. Dort wollte ich unbedingt noch einmal mit Senta hin.

Da die Züchterin es ablehnte, den Welpen länger zu behalten, verlegte ich den Urlaub auf den September und buchte das Zimmer mit zwei Hunden. An das Hotel schrieb ich: „Ich weiß nicht, wie lange Senta noch lebt. Und der neue Hund ist noch gar nicht gezeugt – ob das was wird, weiß ich erst in ca. 30 Tagen."

Senta lebte danach noch genau eine Woche. Ihr Sterben, ihr Abschied von mir, ihr Tod, die spirituellen Begegnungen mit ihr und die tiefe Trauer um sie – das sind Erfahrungen, die ich in diesem Buch weitergeben möchte.

Nachdem ich meine Trauer darüber öffentlich gemacht hatte – in meinem Account und in zwei Bernersennengruppen auf Facebook, über Whatsapp, Briefe, Mail und in meinem Blog – erreichten mich Hunderte von Beileidsbekundungen über alle Kanäle.

Viele Menschen erzählten mir von ihren kranken oder verstorbenen Tieren. Von ihrer tiefen Trauer und von der Einsamkeit, wenn sie am Morgen kein fröhliches Bellen mehr begrüßt. Und auch von dem Schmerz, wenn sich für manche Mitmenschen durch den Tod des Hundes nichts verändert hat.

Viele Menschen haben auch Angst vor „dem Tag", an dem sie ihren geliebten Hund gehen lassen müssen. Ich hatte das Glück, gute Freunde zu haben, die im rechten Moment da waren und mir geholfen haben, die schwere Entscheidung zu treffen.

Nicht jeder hat dieses Glück – viele Menschen haben angerufen oder geschrieben und gefragt, ob und wie man den richtigen Moment erkennt und wie man damit umgeht.

Ich wusste es vorher auch nicht – aber ich habe den Moment erkannt und konnte Senta in Würde und Frieden gehen lassen.

Ich musste mich nach ihrem Tod nicht mit Schuldgefühlen quälen, ob es zu früh gewesen war, oder ob sie zu lange gelitten hat.

Ich konnte ihr in den letzten Stunden ihres Lebens die Ruhe und die Sicherheit geben, die ich immer angestrebt hatte, seit Senta mich begleitet hat.

Senta ist und bleibt meine Seelenhündin, eine Hündin, wie es sie nie wieder für mich geben wird.

Manche sind unvergessen …
… weil sie ein Leben verändert haben und auch nach ihrem Tod in einem weiter leben.
Man spürt es – in seinem Denken, in seinem Handeln, in seinem Fühlen.
Seelenhunde hat sie jemand genannt – jene Hunde, die es nur einmal geben wird im Leben, die man begleiten durfte und die einen geführt haben auf andere Wege.
Die wie ein Schatten waren und wie die Luft zum Atmen.
Kein Tag vergeht, ohne an ihn zu denken und ohne ihn zu vermissen.
Nur Hundemenschen können verstehen, wie es ist, einen Hund zu verlieren.

Für die Welt war Senta nur ein Hund. Aber für mich war sie meine Welt. Mit ihr ist auch ein Stück von mir gegangen. Doch wir verlieren sie nicht ganz, denn die Erinnerung an Senta bleibt uns für immer.

Und dann kam bald die Frage eines neuen Hundes auf mich zu – aber ich spürte, dass ich Zeit brauchte, viel Zeit zum Trauern um Senta.

Doch wie in jedem Leben schien auch bei mir nicht nur die Sonne – an dem Tag, als meine Senta genau vier Wochen tot war, befand ich mich in einer tiefen Depression, ein Zustand, den ich von mir gar nicht kenne. Die lange Zeit der Coronakrise, der Krieg in der Ukraine, dazu war unsere Heizung seit Tagen ausgefallen – einen Moment lang fragte ich mich, für wen und warum ich denn noch leben sollte. Ich schrieb einen langen Post auf Facebook.

Eine Freundin lud mich für den nächsten Tag zu einem Spaziergang mit vier lebenslustigen Hunden ein. Ich fand meine Lebensfreude wieder und nahm eine junge Kelpiehündin „zur Probe" auf.

Gut ein Jahr vorher hatte die Leiterin der Bernersennengruppe ein Babyfoto meiner Senta gepostet. Sie wollte mir damit eine Freude machen – aber als ich dieses Foto anschaute, spürte ich, dass ein neuer Welpe mich immer nur schmerzlich an meine Senta erinnern würde.

Und so entschied ich mich spontan gegen den Berner Sennenwelpen und für die kleine Kelpiehündin. Lucie begleitete mich nach Armentarola, wo ich Sentas Asche im dortigen Gebirgsbach bestattete.

Eine Freundin meinte später: „Vielleicht sollte Lucie dich einfach nur auf deinem Weg nach Armentarola begleiten, und außerdem kann sie dich ja besuchen, wenn dein Fuß wieder ok ist. Gute Besserung weiterhin!"

Denn in Armentarola merkte ich, dass ich den Anforderungen des kleinen Energiebündels nicht gewachsen war. Im Hotel sprachen mich meine Freunde an, sie machten sich

Ast Rid ▸ Berner Sennenhunde & andere Fellnasen ~ Glück auf 4 🐾
2. März 2021 ·

Unser neuer ⭐ Baby ~ Star ⭐

❣ **Senta** ❣

von Beate Forsbach

Sorgen um mich, weil das nicht der richtige Hund für mich sei. Und schließlich hatte ich solche Schmerzen im linken Fuß, dass ich kaum noch laufen konnte.

So kam es, dass ich Lucie nach der Reise wieder zu ihrer Mama und meiner Freundin, der Züchterin zurückbrachte.

Die hatte am Telefon gesagt: „Du verlierst Lucie nicht, wenn sie wieder zu mir kommt. Lucie wird jetzt zwei Familien haben." Und ich wurde Patentante für Lucie und ihre Mama.

Am Ostersonntag schrieb ich meine Zukunftsvision auf: Eine Berner Sennenhündin soll es wieder sein – aber erst nach meinem 70. Geburtstag, den ich im Mai feiere. Vielleicht ist sie schon etwas älter und eher zierlich als so groß und schwer, wie es Senta war.

Am Ostermontag war meine Freundin mit Lucie und ihrer Mama bei mir zu Besuch, und wir hatten viel Spaß.

Und dann wusste ich plötzlich nicht, ob ich überhaupt wieder einen Hund haben wollte.

Und so schreibe ich nun dieses Buch, um die Trauer um Senta zu verarbeiten und meine Gedanken zu ordnen.

Wenn ein Hund stirbt, geht mit ihm auch ein Teil von uns.
Doch wir verlieren ihn nie ganz.
Und die Erinnerung an Senta bleibt uns für immer.

Das schrieben mir gute Freunde auf ihrer Beileidskarte. Und das scheint auch ein wesentlicher Aspekt meiner Trauer zu sein, so wie ich sie heute, 12 Wochen nach Sentas Tod, immer noch empfinde. Diese Lebensphase mit Senta – sie ist für immer vorbei.

Ich möchte Ihnen, liebe Leserinnen und Leser, Kraft geben für die letzten Tage und für die Zeit nach dem Verlust, um die Trauer um Ihren Hund liebevoll anzunehmen.

Ich möchte Ihnen zeigen, wie wir uns auf das große Geschenk der Liebe einlassen können, das unser Hund uns in den letzten Momenten seines Lebens macht. Und welche Kraft und Zuversicht wir gewinnen, wenn wir annehmen, was wir von unserem Hund lernen können.

Mit meinem Buch möchte ich Sie ermutigen, sich dieser großen Herausforderung des Lebens zu stellen. Ich möchte Sie trösten und inspirieren, wenn Sie sich und Ihrem Hund helfen wollen, Abschied zu nehmen – und neuen Mut für das Leben danach zu gewinnen.

Dieses Buch ist Sentas Vermächtnis – sie hat mir und der Welt soviel Liebe geschenkt. Und die Liebe bleibt. Und das Leben ist unendlich, eine endlose Reise durch die Ewigkeit. Und ein Seelenhund stirbt nie.

Bamberg, im April 2022 Beate Forsbach

Der Lebensabend: Mein Seelenhund wird alt

Es ist schon fast zwei Jahre her, dass ich Angst hatte, Senta würde ihren 9. Geburtstag gar nicht mehr erleben. Sie lag teilnahmslos herum, mochte nicht mehr aufs Sofa und fraß nicht viel. Ich las im Berner Sennen-Rassehandbuch und traute meinen Augen nicht: Das Kapitel „Der Lebensabend" reichte vom 8. Lebensjahr bis zum Abschied. Sollten die „goldenen Jahre" wirklich schon vorbei sein?

Immer wieder war ich bei Spaziergängen angesprochen worden, ob das schon ein älterer Hund sei. Zuerst sagte ich immer: „Sie ist 8 ½", später dann sagte ich nur noch: „Sie ist erst 8 Jahre alt."

In dem Rassehandbuch las ich tröstliche Worte (S. 149):

Um es gleich vorweg zu nehmen: Einen gesunden, alten Berner Sennenhund haben zu dürfen, ist ein ganz spezielles und wunderschönes Erlebnis. Wer die Chance hatte, mit seinem Berner in der Welpenzeit eine Beziehung aufzubauen, ihn durch die Sturm- und Drangzeit des Flegelalters zu lenken und in seinen »goldenen Jahren« die Freundschaft zu festigen und zu verankern, wird ihn auch in diesem letzten Lebensabschnitt so richtig genießen können. Denn jetzt kommt das Vertrauensverhältnis nochmals so richtig zum Tragen und man spürt eine tiefe Harmonie und Vertrautheit, die nur durch das Zusammenleben während eines langen, gemeinsamen Lebens entstehen kann.

Durch die gemeinsamen Erlebnisse ist man zusammengewachsen, kennt sich gegenseitig und versteht sich ohne Worte und sozusagen mit einem Augenzwinkern.

In jenen Tagen vor ihrem 9. Geburtstag spielte ich Senta am Flügel das Lied „La Le Lu, nur der Mann im Mond schaut zu“ vor, das ich so oft in ihrer Welpenzeit gespielt hatte. Als ich fertig war, war sie ganz friedlich eingeschlafen und schnarchte, und auch ich schlief im Sessel ein, nach den Strapazen und schlimmen Gedanken der letzten Tage.

Als ich zwei Stunden später wach wurde, fand ich eine Nachricht unserer Freundin: „Liebe Beate, vor 2 Stunden ist unsere geliebte Luna gestorben. … Wahrscheinlich war es ein Herzinfarkt oder eine Lungenembolie. Wir alle sind fix und fertig. Traurige Grüße, Deine M.“

Ich konnte es nicht fassen – sollte ich das „La Le Lu“ auch für unsere Hundefreundin Luna gespielt haben? Die muntere Border-Colli-Hündin, mit der wir so oft an den Stränden der Insel Fehmarn spazieren gegangen waren?

Sie war aus heiterem Himmel in der Praxis der Tierärztin gestorben, bei der unsere Freundin arbeitet.

Und: sollte Senta das gespürt haben – durch das Universum? Immerhin wohnen wir über 200 km voneinander entfernt.

Ich schrieb unserer Freundin diesen Text:

Wo gehen wir hin … wenn wir gehen?
Werde ich dich wiedersehen?
Noch einmal möchte ich dich berühren …
Noch einmal deine Nähe spüren …

Glaubst du an deine Träume?
Dort wo Himmel und Erde sich berühren …
Dort werden wir zusammen sein …
Eine Seele, die liebt, lässt dich nie allein.

Du glaubst an die Hoffnung …
Du glaubst an die Liebe …
All das kannst du nicht sehen.
Glaube mir … Wir werden uns wiedersehen.

(© Sylvia Raßloff, www.tiere-verstehen.com)

Senta aber war in den nächsten Tagen wieder fit und wir feierten ihren 9. Geburtstag am 3. Mai 2020. Da konnte sie sogar noch auf das Sofa klettern.

Auf der Homepage von Sylvia Raßloff entdeckte ich den folgenden Text „Und plötzlich sind sie alt." Ich las ihn mehrfach, aber ich dachte, bei uns wird es anders sein. Und schließlich ist Alter ja auch keine Krankheit!

Und plötzlich sind sie alt

Irgendwann in unserem Leben mit Tieren kommt der Tag, an dem wir unausweichlich feststellen müssen, dass unser Tier ALT ist. Lange haben wir versucht, die kleinen Zeichen zu ignorieren, die grauen Härchen um die Nase haben schließlich auch schon ganz junge Hunde … Oder täuscht das Licht?

Doch dann ganz plötzlich, fast wie über Nacht, wachen wir auf aus unserem Traum, dass alles einfach immer so bleibt, wie es ist, sehen ganz deutlich den grauen Schleier, der sich über Fell und Augen gelegt hat. Oder wir werden herausgerissen aus dieser unbeschwerten gemeinsamen Zeit, wenn unser Liebling plötzlich beim Rennen mit den Hinterbeinen wegknickt, langsamer von seiner Decke aufsteht oder auf das Rascheln der Leckerlietüte in der Küche nicht reagiert. Vielleicht werden wir uns auch erst durch den Tierarzt, der uns besorgt beiseite nimmt, der Endlichkeit des Lebens bewusst. …

Spätestens dann fangen wir an, unsere Tiere ganz anders anzusehen! Liebevoll streift unser Blick über ihren Körper, wir suchen nach Bestätigungen für ihr Wohlbefinden oder auch nach Anzeichen der Krankheit, die in ihnen tobt. Sorgenvoll beobachten wir jede kleine Veränderung, jede Appetitlosigkeit macht uns Angst. Und während er da so im Garten liegt, möchten wir jeden Sonnenstrahl einladen, die müden Glieder unseres Weggefährten zu erwärmen, das Licht bitten, mit seiner unendlichen Kraft jede Faser des geliebten Körpers zu durchströmen.

Wir wählen die Wege sorgsamer als früher, die Berge weichen kleinen Hügeln. Es sind langsamere Spaziergänge, auf denen wir unseren Gedanken nachhängen – anders als früher –, ruhen unsere Augen sanft auf seinem Körper, prägen sich jede Kleinigkeit, jede Stelle ein, um sie festzuhalten, für die Zeit danach. Jede Zelle unseres Körpers ist so eng mit dem anderen verbunden, verkörpern unser gemeinsames Leben, die vielen Erlebnisse und Erinnerungen … „Immer warst du dabei!" … und es tut schon fast weh, auch nur daran zu denken, dass der, der da neben uns geht, irgendwann nur noch im Geiste bei uns sein wird.

Wir ertappen uns dabei, dass wir ängstlich nachschauen, wenn er morgens mal nicht erwartungsvoll neben uns steht.

Beruhigt stehen wir dann neben seinem Bett und beobachten das entspannte Heben und Senken der Brust eines tief schlafenden Hundes, der in letzter Zeit öfters den Wecker verpasst. Wir geben in jedes Essen, das wir von nun an bereiten, so viel Liebe mit hinein, werden wählerisch, achtsam, möchten all die guten Sachen hineingeben, die den Zeitpunkt in unendliche Ferne rücken könnten ...

Immer öfters kommt es vor, dass unser geliebtes Tier mit abwesendem Blick irgendwo in einer anderen Welt zu sein scheint, als ob es schon mal dort drüben auf den grünen Wiesen schnuppert ... „Komm, erzähl mir von dort, wo wir uns irgendwann wiedersehen!" möchten wir sagen. Es braucht keine Worte mehr, wir verständigen uns über lange Blicke, in denen wir tief in den Augen des anderen versinken. Ohne zu zwinkern tauchen wir ein in einen Dialog, der so oft die unausgesprochene Frage enthält: „Was mach ich, wenn du nicht mehr hier bist?" Und es kommt die Antwort: „Aber ich bin noch hier." „Aber du musst irgendwann sterben?!" Und zurück kommt: „Wir alle müssen irgendwann sterben!" ... So gelassen, dass wir gleichzeitig lachen und heulen könnten.

Wir haben das Gefühl, dass es noch so viel zu sagen gibt und plötzlich kommt die Angst, dass die Zeit nicht reichen wird. Denn der Tod sitzt auf unserer linken Schulter und die Uhr tickt unaufhaltsam weiter, für uns, die wir mit Tieren zusammen leben und diese in der Regel auch überleben werden. Aber auch unsere eigene Uhr tickt unaufhaltsam! Wenn jemand diese unsere Uhr an die Wand hängen würde, genau da hin, wo wir sie immer sehen können, und sie würde von einem statistisch zu erwartenden Lebensalter an rückwärts ticken, dann würden wir jede Sekunde unseres Lebens plötzlich als so wertvoll erachten, wie sie ist. Wir würden nicht so viel Zeit einfach vergeuden, sondern versuchen, jeden Augenblick das Beste draus zu machen … wie unsere Tiere!

Die Zeit mit unseren alten Tieren ist etwas ganz Besonderes! Es ist eine Zeit der Erkenntnisse, die wir durch ihre unendliche Weisheit über uns und über das Leben erfahren! Wir sollten jeden gemeinsamen Tag, jede Stunde genießen, denn heute ist nicht der Tag, also sind wir einfach dankbar und glücklich über jeden weiteren!

© Sylvia Raßloff

Die Lebenserwartung eines gesunden Berner Sennenhundes kann ungefähr zehn Jahre betragen, so las ich in dem Rassehandbuch. Aber manche sterben schon mit sieben oder acht Jahren, andere werden elf oder zwölf Jahre alt, wenige noch älter.

Auch wenn so alte Bärchen eher die Ausnahme sind: Ich hatte mir gewünscht, dass Senta 15 Jahre alt werden sollte. Und da ich ganz fest daran glaube, dass die Lebensweise bei Menschen wie bei Tieren wichtig für ein langes Leben ist, tat ich alles dafür: genügend Bewegung, sehr gutes Futter, kein Stress, und regelmäßige Reisen nach Armentarola in den Dolomiten, wo wir beide glückliche Tage erlebten.

Im Februar 2019 hatte sie am späten Sonntagabend eine Magendrehung, die rechtzeitig operiert werden konnte – ich war mit einer Nachbarin über 90 km nach Lübeck gefahren, es war eine Fahrt auf Leben und Tod. Aber Senta erholte sich schnell wieder von dieser Operation. Danach gab ich unseren Wohnsitz auf der Ostseeinsel Fehmarn auf und zog mit Senta im Sommer 2019 nach Bamberg, wo wir schon oft zusammen gewesen waren.

Alles hat seine Zeit

Lange hatte ich den Satz aus dem Rassehandbuch wieder vergessen, dass beim Berner jeder Tag, den er nach seinem zehnten Geburtstag bei uns verbringen darf, ein geschenkter Tag ist.

Als Senta 10 Jahre alt wurde, zeigten sich schon etliche Altersbeschwerden. Sie sprang nicht mehr aufs Sofa, wo sie so gerne mit mir gekuschelt hatte. Sie fraß ihre Geburtstagstorte nicht und packte die vielen bunten Päckchen mit Leckerli nicht aus.

Im Frühjahr 2020 hatte ich ein großes Waldstück entdeckt, auf dem Millionen von Schneeglöckchen blühten – aber ein Jahr später konnte ich Senta nicht mehr bewegen, so weit mit mir zu laufen. Im Internet fand ich folgende Sätze über alte Berner Sennenhunde:

Genuss ist nur eine Facette dieses Lebensabschnitts. Ein alter Hund scheint mit jedem Tag mehr zu sich selbst zu finden. Vorlieben werden deutlicher, Abneigungen hingegen auch.

„Das fresse ich, das nicht. Den mag ich, den nicht. Hier gehe ich lang, dort nicht. Ich rieche jetzt an dem Grashalm und gehe nicht weiter. Ich drehe heute eine kleine Runde und laufe keinen Marathon. Ich möchte jetzt gestreichelt werden und nicht spielen." …

Ein alter Hund entwickelt aber noch eine weitere Eigenschaft: Zufriedenheit. Während Menschen gerne Defizite benennen („Früher ging das noch. Jetzt klappt es nicht mehr.") lebt ein Hund im Hier und Jetzt. Er sieht nicht das, was er gestern vielleicht noch konnte, sondern das, was ihm heute gelingt.[1]

Sentas Ausdauer beim Spazierengehen hatte deutlich abgenommen, sie ging auch nicht mehr am steilen Ufer hinunter in den Bach, um zu trinken, nur noch über die Treppe. Und so trug ich mich mit dem Gedanken, einen kleineren Hund dazu zu nehmen, da ich nicht mehr auf mein gewünschtes Laufpensum kam. Es sollte kein Berner Sennenhund sein, so wie ich es mir schon 2018 vorgenommen hatte, denn ich fürchtete, zwei Berner Sennenhunde würden meine Möglichkeiten und Kräfte übersteigen. Ich hatte im Herbst 2020 ein größeres Auto gekauft, musste aber dann feststellen, dass Senta freiwillig und auch mit meiner Hilfe nicht hineinging und Angst hatte, wieder hinauszuspringen. So tauschte ich das Auto wieder gegen das kleinere Modell aus, das ich schon vorher gehabt hatte. Für zwei Berner Sennenhunde ist es aber nicht geeignet. Und eine kleinere Rasse wollte ich nach langen Überlegungen dann auch nicht.

Und so entschied ich, dass Senta bis zu ihrem Lebensende meine einzige Hündin bleiben sollte. Sie hatte nun fast zehn Jahre mit mir zusammengelebt und soviel erlebt: den Tod meines Mannes und Sentas Herrchens im Februar 2014, unsere Reisen nach Armentarola seit September 2016, wo Senta beinahe an einer Gebärmutterentzündung gestorben wäre, viele Reisen zu Freunden und Autorenlesungen – überall war sie gerne gesehen und benahm sich vorbildlich.

Wir waren seitdem insgesamt 16mal in Armentarola gewesen, das letzte Mal im Dezember 2021. Hier war Senta immer sehr glücklich und wollte nie wieder weg. So versprach ich ihr stets am letzten Morgen vor der Abreise, dass sie auf jeden Fall hierher zurückkommen würde.

Zunehmend hatte sie Mühe beim Aufstehen, aber ich trieb sie immer wieder an und ging regelmäßig, 3-4mal am Tag mit ihr spazieren. Im Sommer 2021 begann sie, mehr als zuvor zu bellen. Auf unserer schönen Dachterrasse bellte sie, sobald sie Kindergeschrei auf der Straße hörte – das konnte ich ihr mit Erfolg abgewöhnen. Aber dann begann sie, abends um mein Bett herumzugehen und leise zu bellen, damit ich sie hinaus auf die Terrasse ließ. Dort bellte sie dann in einer schönen Sommernacht, als sie Spätheimkehrer hörte – und ich beschloss in dieser Nacht, keinen Hund mehr zu mir zu nehmen, wenn sie mal über die Regenbogenbrücke gegangen wäre.

Denn einige Tage vorher hatten wir eine Bekannte besucht, um Sentas Bruder zu sehen und deren vier Monate alten Bernersennen Welpen – und dieses Erlebnis hatte schon den Gedanken in mir reifen lassen, nach Sentas Tod ohne Hund weiterzuleben. Allerdings hatte ich nicht damit gerechnet, dass sie mich schon so bald verlassen würde.

Ich schrieb an José Arce, den Mensch-Hund-Therapeuten, der uns schon zweimal persönlich trainiert hatte, und bat ihn um einen Rat. Er antwortete mir sofort:

Für Senta ist es nicht gut, auf der Terrasse zu schlafen, alle Geräusche dort verunsichern sie, und aus dem Grund bellt sie. Bitte denke daran, dass Senta nun schon älter ist und du ihr hilfst, und Senta nun viel Ruhe braucht.

Im Urlaub im September 2021 in Armentarola bellte sie auch nachts im Hotelzimmer, und ich gewöhnte es ihr ab, indem ich ein paarmal den Maulkorb benutzte. Der Rest des Urlaubs verlief dann sehr friedlich.

Intuition – ein gutes Gefühl

Nie hätte ich gedacht, dass diese Veränderungen bereits Anzeichen für eine Krankheit sein könnten. Bis ich eines Morgens den dicken Knubbel an ihrem Bauch spürte! Ende November waren wir beim Tierarzt, er meinte, wir sollten abwarten. Er glaubte erstmal nicht, dass es gefährlich sei.

Danach sagte ich zu Senta: Ich werde dafür sorgen, dass es dir immer gut geht, und ich werde bis ans Ende deiner Tage bei dir sein. Du bist doch meine liebe Seelen- und Lebenspartnerin.

Und wenn wir in Armentarola waren, sage ich immer: Wir kommen wieder. Senta sollte so lange bei mir bleiben, wie es irgendwie ging.

Ich wollte eigentlich mit Senta in Südtirol zu dem Tierarzt gehen, der ihr vor fünf Jahren mit einer OP das Leben gerettet hatte. Die arbeiten dort ja nicht mit all den Methoden wie Biopsie, Röntgen, Ultraschall.

Auf der Fahrt nach Armentarola dachte ich immer wieder darüber nach, ob wir im März dorthin fahren sollten – es ist dann ziemlich teuer, da man ja noch die Winterpreise bezahlt. Und ich hatte gerade nicht allzu hohe Rücklagen.

Aber dann kamen wir an – es war herrlicher Neuschnee, Senta freute sich wie eine „Schneekönigin" darüber. Und beim ersten Spaziergang über den Waldweg beschloss ich angesichts der zauberhaft verschneiten Bäume: Ja, wir werden im März wiederkommen.

Es waren wundervolle 8 Tage – als es aufhörte zu schneien, kam die Sonne heraus und wir genossen die Zeit bei schönen Spaziergängen und auf der großen Sonnenterrasse.

Ich dachte daran, den Tierarzt in Pederoa anzurufen, aber irgend etwas hielt mich davon ab. Ich wollte einfach diesen schönen Urlaub nicht durch trübe Gedanken an Krankheit stören. Im Internet hatte ich einen Bericht über einen 9-jährigen Berner Sennenrüden gefunden, dem man einen bösartigen Tumor entfernt hatte. Ich hatte mir die Tierklinik gemerkt und hoffte inständig, dass wir die nicht brauchen würden. Nicht nur wegen der hohen Kosten, sondern auch wegen der Qualen, denen Senta möglicherweise ausgesetzt werden würde – mit unbestimmtem Ausgang.

In diesem Urlaub las ich noch einmal das Buch „Die Weisheit alter Hunde". Ich hatte es schon im Mai 2020 gekauft, als ich das erste Mal dachte, Senta würde nicht mehr lange leben. Damals las ich es ganz vorsichtig, und vor allem las ich, wie die Autorin vom Tod ihrer alten Hündin erzählte.

Die Abreise fiel uns beiden schwer – es war traumhaftes Winterwetter mit blauem Himmel und Sonnenschein. Und als ich mich auf der Terrasse von anderen Gästen verabschiedete, hatte ich so starke Abschiedsgefühle wie noch nie – sonst hatte ich immer gedacht, wir kommen ja bald wieder. Und das hatte ich auch immer zu Senta gesagt, am letzten Tag, wenn wir nochmal unsere Morgenrunde über die Hügel und zum Bach hinunter drehten. Immer sagte ich zu Senta: Du kommst auf jeden Fall wieder hierher zurück. Denn ich hatte mir vorgenommen, ihre Asche hier in Armentarola auszustreuen, weil sie hier immer so glücklich gewesen ist. Nie hätte ich gedacht, dass es schon so bald sein sollte – und dass ich nun doch wieder im März hierher kommen würde.

Wir übernachteten noch einmal in Seefeld, aber da war leider Nebel – kein schönes Winterwetter. Und so verbrachten wir unseren letzten Urlaubstag weitgehend drinnen. Senta hat dort gar nichts gefressen.

Am vierten Advent, der gleichzeitig der Geburtstag meines Mannes war, hatte ich Gäste zu einem Südtiroler Menü eingeladen. Senta war munter, und ich wollte vor Weihnachten nicht mehr mit ihr zum Tierarzt. So feierten wir schöne Weihnachten, und Senta genoss ihr Filetsteak am Heiligabend, so wie jedes Jahr. Ich las ihr das Märchen vom kleinen Tannenbaum vor, auch wie jedes Jahr, seit dem letzten Weihnachtsfest mit Hans Christian. Auch zu Silvester bekam sie ein Filetsteak, da sie kaum noch etwas anderes anrührte.

Der Tierarzt hatte Weihnachtsurlaub und so verabredete ich einen Termin direkt am ersten Tag, als er wieder da war, für den 3. Januar 2022.

Allmählich machte ich mir Sorgen, weil Senta kaum noch etwas fraß. Und so postete ich in der Berner Sennengruppe:

Beate Forsbach ▸ Berner Sennenhunde & andere Fellnasen ~ Glück auf 4 🐾
· 30. Dezember 2021 ·

Kennt ihr so etwas auch?
Meine Senta (10 Jahre und 7 Monate alt) frisst seit einiger Zeit ihr gutes Futter nicht mehr: zuerst nahm sie keinen Quark mit Kräutern mehr, dann kein Dosenfutter und schließlich auch kein Trockenfutter (beides von Naturavetal). Sie frisst jetzt noch Hühnchen mit Reis, was sie auch im Urlaub (vor 3 Wochen) immer bekommen hat, und sie hat ihr Filetsteak am Heiligabend genossen. Sie frisst Leckerli und Kaustangen und versucht Abends mal ein Stückchen Käse oder Wurst zu stibitzen.
Insgesamt ist sie dünner geworden, die Verdauung hat sich seit unserem Urlaub nicht wirklich normalisiert - meist ist es dünnflüssig, und es kommen winzige Mengen nach. Manchmal versucht sie, und es kommt gar nichts.
Wir haben auch einen dicken "Knubbel" am Bauch festgestellt, den der Tierarzt vor 4 Wochen als nicht besonders gefährlich ansah.
Senta ist fit und läuft gut und schnell - vor allem im Urlaub in den Bergen war das toll, allerdings hat sie dort sehr viel Schnee "gefressen".
Falls Ihr mir empfehlen möchtet, zum Tierarzt zu gehen: Wir haben am Montag dort einen Termin.
Ich möchte nur wissen, ob jemand von euch ähnliche Erfahrungen gemacht hat - im Internet heißt es ja, dass ein Hund 25 Tage ohne Fressen auskommen kann.

Untersuchungen – und immer wieder Hoffnung

Am 3. Januar machte der Tierarzt ein großes Blutbild, es gab einige Auffälligkeiten: erhöhte Leberwerte, zu wenig rote Blutkörperchen. Möglicherweise gab es eine Veränderung an einem Organ, so dass zwei Tage später eine Ultraschalluntersuchung stattfinden sollte. Unsere Freundin, die bei einer Tierärztin arbeitet, schrieb mir: „Ich hätte dir gerne etwa Erfreulicheres geschrieben. Mach dir aber bitte jetzt keine allzu großen Sorgen. Die Werte sind nicht total dramatisch. Hat der Tierarzt etwas dazu gesagt, dass etwas mit der Leber sein könnte? Milz ist ja definitiv ausgeschlossen."

Ich begann aber doch, mir Sorgen zu machen. In der Nacht vor der Ultraschalluntersuchung wurde ich wach vor lauter Aufregung. Ich schrieb morgens um 6.25 Uhr an eine Freundin: „Heute um 12.15 Uhr gehen wir zum Ultraschall. Senta frisst kaum etwas, ihr gutes Futter nimmt sie nicht, nur Hühnchen mit Reis. Gestern Abend habe ich ihr die guten Leckerli gegeben, davon habe ich einige Tüten gekauft. Drück uns bitte die Daumen, dass sie wieder gesund wird."

Ich war sehr erleichtert, als der Tierarzt bei der Ultraschalluntersuchung nichts fand. Senta hat sich dann den ganzen Tag ausgeruht – und nichts gefressen. Ich zündete noch einmal unseren kleinen Weihnachtsbaum an und legte eine CD auf. Wir waren beide fröhlich – nie hätte ich gedacht, dass Senta schon einen Monat später tot sein könnte.

Beate Forsbach 😇 fühlt sich gesegnet.
5. Januar · 👥

Noch einmal darf er heute strahlen im Licht der Kerzen - mein kleiner Weihnachtsbaum, und ich habe noch einmal meine Lieblings-Weihnachts-CD aufgelegt. Nach Tagen voller Sorge um Senta, die nichts fressen wollte, haben wir heute Abend wieder Hoffnung. Der Tierarzt hat bei der heutigen Ultraschalluntersuchung nichts Auffälliges gefunden. Ich habe Senta leckere Leberwurst gegeben (mit einer Tablette drin), dann Hühnchen, dann ziemlich viele Leckerli und dann noch ein Stück Camembert. Alles fraß sie mit großem Appetit. Und eben, als ich die Kerzen noch einmal angezündet hatte, kam sie und fraß die ganze Schale Leckerli leer.
Ich danke meinen lieben Freunden, die mir in den letzten Tagen Mut und Hoffnung vermittelt haben. Ich hatte nur wenigen von unserer Situation erzählt - und heute scheint es eine Wende zur Besserung zu geben. Ein Weihnachtswunder 🧡
UPDATE: Heute war alles ganz gut. Mittags nach einem langen Hainspaziergang habe ich Senta wieder Leberwurst mit der halben Tablette gegeben. Scheint ihr geschmeckt zu haben, denn sie wollte noch mehr Leberwurst. Später habe ich ihr zwei kleine Filetsteaks gebraten - die hat sie beide mit großem Appetit gefressen. Auf den Spaziergängen wollte sie immer wieder Leckerli haben. Und am Abend hat sie eine halbe Portion Weidelamm mit Hirse und Ziegenvollmilch gefressen - mit gutem Appetit. Es geht aufwärts. Jetzt schläft sie neben meinem Sessel. Danke für eure Unterstützung, die wirkt tatsächlich 🧡

Am nächsten Tag empfahl mir eine FB-Freundin, die auch Berner Sennenhunde hat, eine Chakrenblüten-Essenz, die ich sofort kaufte: „Der Kelch des Lebens". Man gibt 3mal täglich 3 Tropfen, bis die Flasche aufgebraucht ist, und die Lebensgeister kommen in den Körper zurück. Das meinte jedenfalls die Freundin. Ich war etwas erstaunt, da ich selber ja mit positiven Affirmationen arbeite und Naturprodukte nehme. Das schien bei Senta auch zu wirken. „Die Flamme der Liebe aufrecht erhalten" – so hieß die Affirmation, die ich immer sagte, wenn ich Senta die Tropfen auf einem speziellen Leckerli in das Mäulchen schob.

„Ich glaubte nicht, dass Senta schwächer wird", so schrieb ich der Freundin. „Sie hat schon eine Gebärmutterentzündung überstanden – im September 2016 ist sie mit mir bei größter Hitze von Fehmarn nach Armentarola gefahren (ca. 1.200 km), weil das mein Traum war. Dort wurde sie dann operiert und war zwei Tage später schon wieder fit.

Am 17. Februar 2019 hatte sie eine Magendrehung und ist auch rechtzeitig operiert worden. Hat sich sehr schnell wieder erholt. Dann sind wir nach Bamberg umgezogen. Hier war sie noch nie krank."

„Ja sie ist enorm stark. Ich kann mich noch gut erinnern. Und sie ist mit Ihnen glücklich in Bamberg", schrieb mir die Freundin. „Danke, wir sind beide glücklich hier in Bamberg", antwortete ich.

In den folgenden Wochen googelte ich am Abend immer wieder nach „Hund stirbt an Leberversagen". Auf einer Seite fand ich den Hinweis[2]:

Stellen Sie Ihren Hund beim Anzeichen von Krankheit immer schnellstmöglich dem Tierarzt vor. Denn Zeit ist ein wichtiger Faktor im Kampf gegen eine Lebensfunktionsstörung. Mit jedem Tag wird die Leber mehr geschädigt. Das führt schlussendlich zum Tod des Tieres.

Ob ich wollte oder nicht, ich musste mich mit dem Gedanken auseinandersetzen, dass Senta in absehbarer Zeit sterben könnte.

Viele der im Internet genannten Symptome trafen zu:

- Durchfall, Erbrechen
- Trägheit und Leistungsschwäche
- Gewichtsverlust
- übermäßige Aufnahme und Ausscheidung von Wasser
- Flüssigkeitsansammlung im Bauch
- Appetitlosigkeit

Doch immer noch hatte ich Hoffnung und gab Senta die Tabletten vom Tierarzt mit ein wenig Leberwurst und die Chakren-Essenzen auf einem Leckerli. Denn sie wehrte sich gegen die Medikamente, nahm aber das Leckerli.

Unsere Freundin hatte mir schon angedeutet, dass es sehr schnell gehen könnte – ihr erster Hund war innerhalb von vier Tagen gestorben.

Drei Wochen später erfolgte die zweite Blutuntersuchung. Als der Tierarzt mich anrief, klang er nicht besonders zuversichtlich – die Leberwerte waren bedrohlich gestiegen.

Am nächsten Morgen bekam ich die schriftlichen Untersuchungsergebnisse und war erschrocken, wie hoch die Werte gestiegen waren – trotz der Medikamente, die Senta in den letzten drei Wochen bekommen hatte.

Ich habe mich zu Senta auf den Boden gelegt und ihr erklärt, dass wir bald Abschied nehmen müssten. Dann habe ich nur noch geweint. Die Chefin unserer Freundin, die Tierärztin, hatte gemeint: entweder in eine Tierklinik mit MRT und CT oder sofort einschläfern. Ich rief Sentas Freundin an und bat sie, bei Senta zu bleiben, während ich alleine zum Tierarzt ging. Auch ihr kamen die Tränen, als sie Senta so teilnahmslos liegen sah. Sie war bereit, uns am nächsten Morgen mit dem Auto zum Tierarzt zu begleiten für eine zweite Ultraschalluntersuchung.

Ich aber ging weinend zum Tierarzt, mich bewegte nur die eine Frage: Würde er zum Einschläfern zu uns nach Hause kommen? Das bestätigte er mir und meinte, erst einmal wollten wir noch nicht aufgeben, sondern Senta noch einige Medikamente geben. Als ich nach Hause kam, war Sentas

Freundin ganz froh, denn Senta hatte tatsächlich einige Leckerli von ihr genommen. Zu zweit gingen wir mit Senta ein paar Schritte hinaus, und auch am nächsten Morgen konnten wir zu Fuß zum Tierarzt gehen. Senta war wirklich sehr tapfer und versuchte, das Ganze positiv anzugehen, gemeinsam mit ihrer Freundin und mir.

Der Tierarzt machte eine gründliche Untersuchung. Als er die Leber sah, stockte er und zeigte mir das am Bildschirm: Die Leber war durch und durch geschädigt, und er verlor seine Hoffnung, vielleicht einen Tumor operieren zu können. Er sagte, auch in einer Tierklinik würde man nichts anderes sehen – und ich meinte, das sei nur überflüssiger Stress für Senta und uns alle. So sprach er davon, nunmehr eine Palliativbehandlung vorzunehmen.

Ich hatte wieder ein wenig Hoffnung, nachdem ich doch schon für diesen Tag damit gerechnet hatte, dass er Senta einschläfern würde. Zu Hause vernichtete ich die Datei mit der Todesanzeige, die ich bereits erstellt hatte.

An diesem Abend rief mich wieder die Bekannte an, das Frauchen von Sentas Bruder. Sie meinte, dass ich nicht ohne Hund leben sollte – so wie ich aus Vernunft vor einiger Zeit beschlossen hatte – sondern einen Welpen zu uns nehmen sollte, damit Senta an ihrem Lebensabend noch ein wenig Lebensfreude hätte und auch, damit ich in den kommenden Jahren nicht alleine sein würde.

Die Hündin würde im April Welpen bekommen und die Züchterin hatte ihr schon zugesagt, mich auf ihre Liste zu setzen. Das hörte sich gut an, denn für Mitte Juni hatte ich Urlaub mit Senta in Armentarola gebucht und hätte den Welpen hinterher nehmen können. Aber mitten in der Nacht erwachte ich mit großen Bedenken. Am Morgen überwog dann wieder die Zuversicht und ich schrieb der Züchterin.

Am nächsten Tag fraß Senta ein wenig, und ich schöpfte wieder Hoffnung, obwohl mir klar war, dass es nicht gutgehen konnte, wenn Senta alle Medikamente ablehnte. Sie hatte sogar nach mir geschnappt, als ich ihr die Tabletten mit einer Spritze geben wollte. Und mein Gefühl sagte mir, dass ich sie nicht zwingen sollte. Und so schrieb ich nochmal an José Arce. Er antwortete mir umgehend:

Lieben Dank für dein Vertrauen. Es tut mir wirklich sehr leid, dass es Senta zur Zeit so schlecht geht! Ihr seid nun einen langen Weg zusammen gegangen und leider kommt irgendwann der Zeitpunkt, an dem sich dieser Weg trennt. Es ist immer sehr schwierig, dabei einen Tipp oder eine Tendenz zu geben, denn im Endeffekt ist es eure Beziehung, die über die Jahre gewachsen ist, die dir auch nun das richtige Bauchgefühl geben sollte, im richtigen Moment die richtige Entscheidung zu treffen. Ich verstehe, wie schwer es dir fällt, und vielleicht ist es dir eine Hilfe, dass ich denke, so lange ein Hund noch Freude am Leben zeigt, egal wie schwer es ihm fällt zu fressen, aber er im Endeffekt noch genug frisst, ist es doch ein Zeichen, dass dieser Hund noch nicht bereit ist zu gehen. Ich wünsche dir alles Gute und hoffe auf ein kleines Wunder, so dass es Senta vielleicht noch einmal schafft und mit dir noch ein paar Jahre gemeinsam durch euer Leben läuft.

Seine guten Wünsche nahm ich gerne an und hoffte auf ein Wunder. Am Abend telefonierte ich mit der Züchterin, und schon wurden meine Pläne wegen des Welpen zerstört, denn sie war nicht bereit, den Welpen zwei Wochen länger zu behalten, bis ich aus dem Urlaub zurück sein würde. Am nächsten Tag buchte ich meinen Urlaub um auf September mit zwei Hunden. Dabei wusste ich noch gar nicht, wie lange Senta noch lebt – und die neue Hündin, der ich schon den Namen Hanna gegeben hatte, war noch gar nicht gezeugt. Das ist Optimismus pur! Wie groß muss die Liebe zu einem Hund sein, zu meinem Seelenhund, dass ich derartig den Bezug zur Realität verlieren konnte? Das Hotel schickte mir die Reservierung für den Urlaub mit zwei Hunden, und ich erholte mich ein wenig.

Am Abend hatte ich Kontakt mit meiner Mentorin, die gerade weit weg in Spanien war. In dem Moment, als sie schrieb, stand Senta auf und machte sich über die Leckerli her! ICH VERTRAUE DEM LEBEN! Das dachte ich wieder einmal und glaubte daran, dass meine Mentorin ihre Energie über das Universum zu meiner Senta geschickt hatte.

An diesem Wochenende ging ich noch zweimal mit Senta im Hain spazieren. Am Sonntag, als sie gerade in der Regnitz getrunken hatte, sagte ich zu ihr: Sag mal, was hältst du davon, wenn wir ein Hundebaby zu uns nehmen? Statt einer Antwort übergab sie sich und eine riesige Lache mit weißem Schleim bildete sich auf dem Weg. Okay, dachte ich, dann ist das wohl doch nicht so eine tolle Idee.

Das war unser letzter gemeinsamer Hainspaziergang!

Voller Hoffnung arbeitete ich am Cover des Buches „Senta & ich. Vom Glück des Lebens mit einem Hund", für das ich bereits das vorletzte Kapitel „Senta ist krank" geschrieben hatte. Ich wollte das Buch schreiben, solange Senta noch lebte, die schönen Erinnerungen würden eine positive Stimmung bewirken. Ich erfuhr, dass die Hündin am Samstag gedeckt werden sollte und fügte das Kapitel „Senta & Hanna" hinzu.

Wann ist es soweit?

Nun half mir noch eine Freundin, die eine befreundete Tierheilpraktikerin gefragt und Sentas Foto analysiert hatte. Die Freundin empfahl Globuli und Bachblüten – das besorgte ich sofort, um auch diese letzte Möglichkeit zu probieren.

Drei Tage lang fraß sie nochmal ein wenig Hühnchen mit Reis, aber ab Mittwoch trank sie nicht mehr in der Wohnung, sondern nur aus Pfützen. Ich habe Wasserflaschen mit nach draußen genommen und in die Regenrinne gegossen.

Ab Donnerstag fraß sie gar nichts mehr, schnappte nach mir, als ich ihr das Leckerli mit der Chakren-Essenz geben wollte. Ich habe sie dann ganz in Ruhe gelassen.

Am Donnerstag waren wir zum letzten Mal auf unserer Wiese am Kanal – ich musste weinen, als ich meine schöne, stolze Hündin dort so schwach sah – ratlos, was sie hier sollte. Ihre Verdauung fuktionierte auch nicht mehr.

Am Abend hatten wir Besuch von meiner neuen Freundin mit ihrem Schäferhund. Da kam Senta sogar ins Wohnzimmer, um den anderen Hund im Blick zu behalten. Ich zeigte der Freundin das neue Buchcover und las den Klappentext vor. Sie beobachtete, dass Senta ganz stark auf den Namen „Hans Christian" reagierte. Würde sie an seinem Todestag, nächste Woche Donnerstag, zu ihm gehen?

Ich erzählte, wie ich im September 2016 in Armentarola immer zu ihm gesagt hatte: Du bekommst Senta noch nicht. Zwei Monate später starb Sentas Mama Susi und ich glaubte, dass sie jetzt bei ihm war.

In der Nacht überlegte ich, wie das hier weitergehen konnte. Um 4 Uhr morgens fing Senta an, sich zu übergeben – ich bin aus dem Tiefschlaf aufgewacht und habe dann erstmal geputzt.

Ich versuchte, wieder einzuschlafen, gelassen zu sein und abzuwarten, wie sich alles entwickelten würde. Senta sollte es gut haben bis zu ihrer letzten Stunde – aber sie sollte nicht leiden. Und ich auch nicht.

Am Freitag stopfte ich Senta dreimal winzige Leberwurstkugeln mit Globuli ins Mäulchen – sie wehrte sich, spuckte aus, aber irgendwann behielt sie es bei sich. Sie war ganz schwach – wir waren mittags noch am Wilhelmsplatz, aber sie hatte oft angehalten. Morgens auf dem Weg vom Kanal zur Wohnung ließ sie sich ganz schwer ziehen. Sie legte sich vor die Haustür, vor den Aufzug, in den Aufzug, und dann oben in die Diele. Sie hat sich dann in der Diele wieder übergeben.

Gegen 12 Uhr bellte sie und wollte auf die Terrasse – dort trank sie aus dem Trinknapf, der draußen stand. Ich hatte Hühnchen mit Reis gekocht, um es ihr ganz frisch zu geben. Aber sie weigerte sich, etwas zu fressen.

Meine Freundin rief an, sie fand die Geschichte mit der Züchterin, die den Welpen keine zwei Wochen länger bei sich behalten wollte, ziemlich „schräg“. Sie zeigte mir das Bild eines kleinen Rüden von einer polnischen Züchterin, geboren im Oktober. Den könnte ich zeitnah bekommen. Und stubenrein sei er auch schon.

Ich überlegte: Ich könnte im Juni doch nach Armentarola fahren. Mit nur einem Hund. Sentas Asche wollte ich dort vertreuen, wo sie immer so glücklich gewesen war. Und sie wäre endlich wieder bei ihrem Herrchen.

Das große Geschenk der Liebe

„Heute Abend liegt sie teilnahmslos in der Diele“, schrieb ich. „Mir bricht es das Herz, das mit anzusehen. Wir können morgen wohl nicht mehr unseren Hainspaziergang machen.“

Bevor ich von dem kleinen Rüden in Polen gehört hatte, dachte ich schon, wie lang die Wochen sein würden, bis der neue Welpe – Hanna – kommen würde. Wenn das überhaupt klappte, das wusste ich ja noch gar nicht.

Immer wieder las ich, was José Arce mir geschrieben hatte:

Ich verstehe, wie schwer es dir fällt, und vielleicht ist es dir eine Hilfe, dass ich denke, so lange ein Hund noch Freude am Leben zeigt, egal wie schwer es ihm fällt zu fressen, aber er im Endeffekt noch genug frisst, ist es doch ein Zeichen, dass dieser Hund noch nicht bereit ist zu gehen.

„Nun frisst sie schon seit zwei Tagen nichts mehr, auch keine Leckerli und kein Hühnchenfleisch.“ Ich schrieb:

„Sie kommt nicht mehr zu mir ins Wohnzimmer.“

Als ich das aufschrieb – stand sie auf und kam zu mir. Das war eine unvergessliche Stunde – oder war es nur eine halbe Stunde? Ich weiß es heute nicht mehr.

Es war so kostbar und wertvoll wie unser ganzes gemeinsames Leben. Senta schaute mich an – ich schaute Senta an. Wir beide hatten eine innige Zeit der Zwiesprache. Alles, was noch ungesagt war, wurde hier gesagt – ohne Worte.

Immer wieder bot ich ihr ihre guten Leckerli an – aber sie rührte sie nicht an. Zum Schluss nahm sie „mein“ Leckerli – ein Stückchen Käsegebäck. Das war das letzte, was Senta in ihrem Leben gefressen hat! Es war ein ganz starker Liebesbeweis für mich. Unsere Zwiesprache – ich kann das nicht aufschreiben. Es war unbeschreiblich schön.

Wir gingen noch einmal hinaus auf die Straße – das war das letzte Mal, dass ich mit ihr auf der Straße war. Sie hat ganz viel Regenwasser getrunken, denn heute hatte es ergiebig geregnet.

Und dann lag sie wieder teilnahmslos in der Diele.

Mir bricht es das Herz, das mit anzusehen.
Muss ich schon den Arzt rufen?
Oder will sie zu Hans Christian?
Sein Todestag ist nächsten Donnerstag!
Ich versuche erstmal zu schlafen.
Vielleicht ist morgen früh wieder alles besser.

Vorhin wollte ich schon unsere Freundin anrufen, aber da kam Senta zu mir. Zu gerne hätte ich mich mit jemandem beraten. Aber ich musste es ganz alleine entscheiden.

Senta hat mir geholfen durch diese ergreifenden Momente unseres Abschieds. Sie hat mir ein ganz großes Geschenk gemacht. Sie hat mir gezeigt:

Es ist egal, ob ich sterbe. Ich bin immer bei dir. Jetzt und in alle Ewigkeit. Ich habe keine Angst vor dem Sterben – Hauptsache, du bist in meinem letzten Moment nahe bei mir. Wir beide hatten ein wunderschönes Leben zusammen – jeder Tag war einfach schön. Wir waren 10 Jahre und sieben Monate zusammen – in dieser Zeit waren wir kaum getrennt. Nur zweimal, als du ins Krankenhaus musstest. Da durfte ich nicht mit. Die acht Tage nach Herrchens Tod – aber da ging es mir gut, denn der Betreuer wohnte bei mir. 1,5 Jahre später musstest du für

12 Tage in die Klinik – ich habe unser Haus bewacht und die Frau vom Tierservice Fehmarn kam immer zu mir. Danach kam unsere Hundefreundin. Und nach diesem Krankenhausaufenthalt hast du mich öfter alleine zu Hause gelassen, wenn du nach Bamberg gefahren bist. Ich habe immer gut aufgepasst und mich gefreut, wenn du wieder da warst. Oft durfte ich in dieser Zeit bei unserer Hundefreundin wohnen.

Nun hörte ich noch ein wenig Chopin, bevor ich ins Bett ging.

Aber meine Gedanken kreisten:

Gestern Abend, als ich „Hans Christian" sagte, ist sie zusammengezuckt und hat ganz aufmerksam geguckt. Hat sie schon Verbindung zu ihm? Oder immer noch?

Sie hat mich vor einem Mann geschützt – sie hat ihre letzte große Aufgabe erfüllt.

Hat sie das vielleicht für Hans Christian gemacht, hat er seine Botschaft durch sie geschickt?

Will sie zu Hans Christian gehen – über die Regenbogenbrücke?

Immer wieder las ich an diesem Abend die Mail, die mir José Arce geschickt hatte. Ich musste mir eingestehen, dass es offenbar soweit war – genau wie José mir geschrieben hatte.

Ich suchte im Internet nach passenden Informationen – zu gerne hätte ich mit jemandem gesprochen, aber ich wusste, dass ich nun ganz alleine die Verantwortung übernehmen und für Senta entscheiden musste.

Ich fand die Seite „So verhalten sich Hunde kurz vor ihrem Tod" – das war sehr hilfreich für mich.

Woran erkennt man, dass es nun bald soweit ist?

Immer wieder hatte ich gehört, dass ich es schon merken würde, wenn Senta gehen wollte. Ich hatte große Angst davor, dass sie bald sterben könnte, und ich wünschte mir, dass sie einen natürlichen Tod haben und friedlich einschlafen würde. Denn sie wurde von Tag zu Tag schwächer. Und ich wollte sie auch nicht lange leiden lassen. Der Tierarzt hatte gesagt, dass das Leberversagen zu einer Vergiftung im Körper führt, und dass es dem Hund dann immerzu nur schlecht sein würde. Senta hatte sich in den letzten beiden Nächten übergeben und es in der letzten Nacht nicht mehr nach draußen geschafft, um zu koten und zu urinieren.

Ein Freund berichtete, dass das bei seinem Hund ein ganzes Jahr lang so gewesen sei. So lange, bis er eines Tages mit dem Hund zur Tierarztpraxis fuhr, um ihn einschläfern zu lassen.

Der Hund einer Bekannten war in der Nacht zusammengebrochen und lag im Erbrochenen. In der Tierarztpraxis brachte sie es nicht übers Herz, ihren Hund einschläfern zu lassen und ging wieder nach Hause. Kurz darauf kehrte sie dann in Begleitung einer Freundin zurück in die Praxis, und der Hund wurde erlöst.

Unsere Freundin hatte mir erzählt, dass ihr erster Hund nach nur vier Tagen an Leberversagen gestorben ist – die letzte Nacht hatte sie noch gemeinsam mit ihm verbracht und ihn dann am Morgen in die Tierarztpraxis zum Einschläfern gebracht. Er hatte ihr deutlich gezeigt, dass er nicht mehr leben wollte.

Der zweite Hund unserer Freundin hatte in der Tierarztpraxis einen Herzinfarkt oder eine Lungenembolie, er fiel um und war tot.

Eine andere Freundin erzählte mir, dass ihr 11-jähriger Hund schon einige Wochen krank gewesen war, bis sie beschloss, ihn einschläfern zu lassen und mit ihm zur Tierarztpraxis fuhr. Als der Tierarzt ans Auto kam, war der Hund bereits friedlich eingeschlafen.

Ein Bekannter berichtete, dass bei seinem alten Hund ein inoperabler Milztumor festgestellt wurde. Und da er wusste, welche Qualen auf seinen Hund zukommen würden, hat er ihn direkt am nächsten Tag einschläfern lassen.

Ein Hundebesitzer brachte seinen Hund in die Klinik, wo er dann auf dem OP-Tisch blieb und nicht mehr aus der Narkose erwachte. So brauchte er beim Sterben nicht dabei zu sein. Er hätte auf keinen Fall gewollt, dass der Hund in seiner Wohnung eingeschläfert würde. Dann würde er ihn immer dort liegen sehen, hatte er gemeint.

Eine Freundin erzählte, dass der Tierarzt ihre Hündin nach der Diagnose sofort einschläfern wollte. Sie wartete aber noch vier Wochen, um sich von ihrer Hündin verabschieden zu können. Das waren die schlimmsten Wochen ihres Lebens, sagte sie später.

Ich habe noch weitere Geschichten gehört, nachdem Senta gestorben war. Ich erfuhr, dass das Sterben besonders bei großen Hunden sehr lange dauern kann, und ich spürte auch schon, wieviel Kraft und Geduld ich brauchen würde.

Ich hatte an den Tagen der Krankheit viel im Internet gelesen über das Einschläfern von Hunden. Auf keinen Fall wollte ich, dass Senta in der Tierarztpraxis sterben müsste. Und so hatte ich unseren Tierarzt bei meinem Besuch ohne Senta – an dem Tag, als ich dachte, es wäre schon soweit – danach gefragt und seine Zusage erhalten, dass er zu uns nach Hause kommen würde.

Ich wollte, dass Senta die letzten Tage ihres Lebens so angenehm wie irgend möglich in ihrer vertrauten Umgebung verbringen sollte. Und ich hatte immer gehofft, dass sie friedlich einschlafen und nicht wieder aufwachen würde.

Am Freitagabend wurde mir klar, dass ich bald den Tierarzt rufen müsste. Senta hatte sehr deutlich und intensiv Abschied von mir genommen. Vielleicht hatte es ihr geholfen, dass ich das Bild des jungen polnischen Rüden anschaute, der mir angeboten worden war. Sie konnte loslassen und wusste, ich würde einen neuen „Beschützer“ bekommen.

Denn sie hatte ihre letzte große Aufgabe erfüllt und mich vor einem Bekannten geschützt, der mit negativer Energie in unser Leben gekommen war.

In der Nacht schlief ich tief und traumlos und erwachte morgens um 5. Senta stand sofort auf und ich wusste, als ich mich anzog, das würde jetzt nicht nur ein kurzer Gang ins Freie werden. Ehe ich fertig angezogen war, war Senta schon ins Wohnzimmer gelaufen und lag – alle Viere von sich gestreckt – auf dem Boden.

Ich schleppte sie auf die Terrasse, hielt sie ganz fest – denn ich glaubte, dass sie in diesem Moment sterben würde. Aber sie war ganz ruhig und hat auch meine Anwesenheit sehr genossen. Ich habe sie gestreichelt und beruhigt. Ihr Atem

ging immer flacher, und der Puls war schwach. Gegen 6 Uhr rief ich Sentas Freundin und meine Nachbarin an – die Freundin kam dann auch, so dass immer einer von uns dicht bei Senta war, während ich versuchte, den Tierarzt zu erreichen. Ich wollte keinen Notdienst anrufen und wartete bis 8 Uhr – inzwischen hatten wir Senta ins Wohnzimmer auf ihre Matte gelegt.

Wir überlegten, ob es sinnvoll sei, sie zu erlösen – oder ob wir abwarten wollten, bis sie von selber starb. Unsere Freundin rief mich morgens um 7 Uhr an und sagte, ich solle auf jeden Fall den Tierarzt benachrichtigen. Denn es war Samstag, und war würde ich denn am Sonntag mit einem sterbenden Hund machen?

Den Tierarzt anrufen

Ich hatte großes Glück, dass ich von guten Freundinnen begleitet wurde. Um 8 Uhr morgens rief ich die Freundin an, die zwei Tage zuvor mit ihrem Schäferhund zu Besuch gewesen war, denn ich wusste, dass sie privaten Kontakt zur Frau des Tierarztes hatte. So rief unser Tierarzt mich umgehend an, hörte sich meinen Bericht über die letzten Tage an und sagte: Nun ist es wohl soweit. Er käme dann um 14 Uhr nach seiner Sprechstunde zu uns.

Und so hatte ich Zeit, mich von Senta zu verabschieden und ihr Ruhe zu geben. Sentas Freundin blieb noch lange bei uns, und meine Freundin rief wieder an. Sie half mir sehr, als sie mir erklärte, wann der „richtige Zeitpunkt" gekommen sei: Die Würde des Hundes sei zu achten. Wenn Senta nicht mehr aufstehen kann und in ihren eigenen Ausscheidungen liegen müsste, wäre es soweit. Denn nichts ist schlimmer für einen guten Hund, als dass er schließlich in seinen Exkrementen liegen muss.

Ich habe gestaunt, dass Senta sich nach dem letzten Gang auf die Terrasse neben ihre Matte auf den bloßen Fußboden gelegt hat. Als sie dann gestorben war, gab es nur ganz wenig Feuchtigkeit unter ihr – wir hatten also den richtigen Moment getroffen.

Meine Freundin fragte vorsichtig, ob ich mich schon um ein Bestattungsinstitut gekümmert hätte. Sie kannte jemanden, der dort arbeitet – und ich bat sie, den Bekannten zu kontaktieren. Denn es war Samstag, und es gab eingeschränkte Bürozeiten. So informierte sie den Bekannten bereits – und er kam eine Stunde, nachdem der Tierarzt dagewesen war.

Wir sind an Sentas Sterbetag um 11 Uhr noch einmal mit ihr auf die Terrasse gegangen – denn bis nach draußen hätte sie es nicht mehr geschafft. Sie hat ihr Geschäft verrichtet an den verschiedensten Stellen auf der Terrasse, ihre Freundin hat sie geführt und ich habe gleich wieder alles sauber gemacht. Denn Senta war ihr Leben lang ein ganz stolzer Hund, der nie die Wohnung verschmutzt hätte.

Drei Sterbephasen des Hundes kurz vor seinem Tod[3]

1. Sterbephase: Der Hund hört auf zu fressen und will auch nichts mehr trinken. Oft beginnt das schon mehrere Tage vor dem Sterben. Der Hund ignoriert sogar sein Lieblingsfutter und seine Leckerlis. Das Futter würde nur Energie bringen, die der Hund beim Sterbeprozess nicht mehr braucht.

2. Manche Hundehalter hoffen auf Besserung, wenn sich ihr Hund plötzlich viel bewegt. Aber das ist ein deutliches Anzeichen der zweiten Sterbephase, weil der Hund seine letzten Energiereserven aufbrauchen will. In dieser Phase ist es wichtig, dass der Hund tun darf, was er möchte.

3. In der letzten Sterbephase liegen viele Hunde reglos da, andere erbrechen, koten oder krampfen. Auch gibt es Hunde, die laut bellen oder jaulen.

Verabschiedung

Sentas Freundin und ich saßen zuerst ziemlich lange fast apathisch da – einmal meinte sie ganz verzweifelt: „So einen schönen Hund kann man doch nicht einfach einschläfern lassen!" Wir beide mussten damit fertig werden, dass es nun tatsächlich so weit war.

Gegen 11 Uhr ginge wir nochmal mit Senta auf die Terrasse und legten sie dann auf ihre Matte im Wohnzimmer. Aber kurz darauf hatte sie sich daneben gelegt. Sicher befürchtete sie, dass sie ihre Matte beschmutzen könnte.

Ich verabredete mit Sentas Freundin, dass sie um 14 Uhr wiederkommen würde.

Nun war ich mit meiner geliebten Seelenhündin alleine. Wir hatten schon morgens die Kerze in der Laterne angezündet und den Schutzengel angehängt, den Sentas Freundin mitgebracht hatte. Ich sprach mit Senta, voller Dankbarkeit für unser schönes gemeinsames Leben. Ich erzählte ihr, dass sie nun bald ihr Herrchen wiedersehen würde, ihre Mama, ihren Papa und auch meine Mama.

Ich spielte ihr das Lied „La-Le-Lu" auf dem Flügel vor, wie sie es in ihrer Babyzeit immer gehört hatte. Wie fast jeden Abend spielte ich die CD mit den Nocturnes von Chopin ab – ganz leise, so dass Senta das als ganz vertraute Musik empfinden konnte. Dann spielte ich ihr das Lied „Südtiroler Sterne" vor, das wir in Armentarola so oft abends auf der dunklen Wiese gehört hatten. Und immer, wenn ich im Auto

die CD der Kastelruther Spatzen spielte, hatte ich zu Senta gesagt: „Hör mal, unser Lied". Das sagte ich jetzt auch zu ihr.

Um 12 Uhr kam meine Nachbarin, die ich schon frühmorgens angerufen und später über Sentas Sterben informiert hatte. Es war sehr hilfreich für mich, dass sie bei uns saß, denn als ich all die schöne Musik gespielt und mit Senta gesprochen hatte, fiel mir das Warten auf den Tierarzt immer schwerer. So war es gut, dass sie bei uns war.

Inzwischen hatte ich schon meine engsten Freunde informiert und ein Foto von Senta geschickt, auf dem man kaum erkennen konnte, dass sie noch lebte.

Senta lag regungslos auf dem Boden, die Kerze brannte, und wir unterhielten uns ganz leise.

Meine Nachbarin sagte später, dass sie mich bewundert hätte, weil ich so unglaublich ruhig gewesen wäre. Aber ich hatte mich darauf besonnen, was José Arce mir seit Jahren beigebracht hatte: Als Frauchen muss man seinem Hund Ruhe und Sicherheit vermitteln. Und das habe ich in dieser letzten Stunde wirklich geschafft.

Eine Woche später schrieb ich an José Arce:

Ich bin sehr glücklich, dass ich es am Ende geschafft habe, was ich schon aus deinem ersten Buch lernte, aber damals nicht verstanden hatte und auch nicht anwenden konnte:

Ich konnte Senta in den letzten Tagen und Stunden Ruhe und Sicherheit geben, so dass sie ganz ruhig und friedlich gehen konnte.

Deine E-Mail hat mir sehr geholfen in den letzten Stunden, als ich überlegte, dass ich nun bald den Tierarzt rufen müsste. Dafür danke ich dir von Herzen!

Einschläferung

Kurz vor 13 Uhr wurde Senta etwas unruhig und wir versuchten, noch einmal mit ihr hinauszugehen auf die Terrasse, denn das war immer unsere „Gassi-Zeit" gewesen. Aber sie kam nicht mehr hoch.

Heute bin ich davon überzeugt, dass Senta gespürt hatte, dass der Tierarzt schon auf dem Weg zu uns war. Er rief mich kurz darauf an und fragte, ob er schon kommen könne.

Ich versuchte Sentas Freundin anzurufen, die um 14 Uhr wiederkommen wollte. Wie durch ein Wunder ging die Tür auf und sie war da, gerade als der Tierarzt unten an der Tür klingelte. Sie hatte das einfach gespürt. Auch eine gute Freundin rief in diesem Moment an, um mir in der letzten Stunde vor Sentas Tod beizustehen – ich habe sie dann später zurückgerufen, denn der Tierarzt war schon da!

Der Tierarzt hat den Moment des Abschieds sehr liebevoll und friedlich gestaltet. Er erklärte mir ganz ruhig, wie er vorgehen würde: Zuerst eine Narkosespritze setzen und dann die tödliche Spritze ins Herz. Ich kniete mich hinunter und umarmte Senta, mein Körper eng an sie geschmiegt, mein Kopf lag an ihrem.

Sentas Freundin war ganz verzweifelt und weinte, sie konnte das nicht mit anschauen. Ich konzentrierte mich ganz auf meine Senta, und als ich den Tierarzt anschaute, sagte er, es ist schon alles vorbei.

Um 13.15 Uhr war meine geliebte Senta erlöst.

Kurz darauf war unser Wohnzimmer lichtdurchflutet – obwohl es eigentlich ein dunkler Tag mit einem stark bewölkten Himmel war. Die Sonne war herausgekommen zu Sentas Abschied!

Zwei Freunde erzählten mir später, dass sie einen Regenbogen gesehen haben – einen in der Nähe von Bamberg und einen in Marburg, wo unsere Freundin, die mir so geholfen hatte, einer anderen Freundin erzählt hatte, dass Senta gerade gestorben war.

So helfen Halter ihrem sterbenden Hund[4]

Egal, ob ein Hund in der Nähe seines Menschen sein möchte oder nicht: Es gibt einige wichtige Regeln, die Sie in jedem Fall berücksichtigen sollten, um die letzten Tage und Stunden Ihres Hundes so stressfrei wie möglich zu gestalten:

- ***Lassen Sie Ihren Hund niemals unbeobachtet: Hat der Hund Schmerzen oder braucht er anderweitig Ihre Hilfe, können Sie eingreifen.***

- ***Wenn der Hund beim Tierarzt stirbt, bleiben Sie an seiner Seite: In der fremden Umgebung allein zu sterben, macht dem Hund große Angst.***

- ***Bleiben Sie stets geduldig und ruhig: Sind Sie gestresst, überträgt sich das auf Ihren Hund. Versuchen Sie, ruhig zu bleiben, um Ihrem Hund Stress zu ersparen.***

- ***Machen Sie Ihren Hund sauber: Hunde lassen vor ihrem Tod meist unkontrolliert Kot und Urin ab. Machen Sie Ihren Hund vorsichtig sauber, um ihm die letzten Stunden so angenehm wie möglich zu machen.***

- ***Meiden Sie laute Geräusche: Besuch ist jetzt tabu! Ihr Hund sollte in Ruhe sterben dürfen, ohne dabei von lauten Geräuschen oder anderen Menschen gestört zu werden.***

Bestattung

Der Mann vom Bestattungsinstitut kam um 14 Uhr, und da er Hilfe beim Tragen der Wanne mit Senta brauchte, war auch meine Freundin gekommen. Da ich schon vorher all die Stunden zum Abschiednehmen gehabt hatte, wickelte er sie in ihre Decke ein und legte sie in die Wanne. Dann begleitete ich meine verstorbene Senta bis in die Garage, wo der Wagen des Bestattungsinstitutes stand.

Es gibt verschiedene Möglichkeiten, Ihren Hund zu bestatten – darüber hatte ich mich ja schon vorher im Internet informiert, und so wusste ich genau, was ich bestellen wollte.

Grundsätzlich gibt es Erd- oder Urnenbestattungen.

Ihr Hund kann auf einem Tierfriedhof oder im eigenen Garten beigesetzt werden.

Er kann einzeln eingeäschert werden, oder zusammen mit anderen Hunden.

Bei der Einzeleinäscherung bekommen Sie die Asche in einer Urne zurück.

Bei der Sammeleinäscherung erfolgt keine Rückführung der Asche, es erfolgt eine anonyme Beisetzung in einem Gemeinschaftsgrab.

Das Ganze ist natürlich auch eine Entscheidung über die Finanzen: Oft haben Hundebesitzer schon Wochen und Monate vor dem Tod ihres Lieblings viel Geld für Tierärzte, teure Behandlungen und Medikamente ausgegeben.

Ich hörte von dem Mann, der beim Tod seines Hundes nicht dabei sein wollte, dass er die Sammeleinäscherung aus Kostengründen gewählt hatte – einzeln hätte es ihn 300 Euro gekostet.

Bei mir war es noch teurer, ich bestellte eine Einzeleinäscherung und suchte eine sehr schöne Streu-Urne aus.

Es gibt einen „Raum des Abschieds" im Tierkrematorium, dort kann man den Beginn der Einäscherung beobachten und anschließend die Urne wieder mit nach Hause nehmen.

Wenn Sie ihren Hund in der Praxis des Tierarztes einschläfern lassen, kümmert der sich um alles. Der Tierarzt hatte mir übrigens den Prospekt eines Bestattungsunternehmens mitgbracht. Eine Freundin hatte ihren kleinen Hund dorthin getragen, als er kaum noch lebte. Der Hund wurde beim Tierarzt eingeschläfert, blieb in der Praxis, wurde dann mit anderen Hunden zusammen verbrannt und auf dem Tierfriedhof des Bestattungsunternehmens beigesetzt. Sie hat ihren Hund bzw. seine Asche nie mehr gesehen.

Eine andere Freundin berichtete mir, dass sie ihre zwei vorherigen Hunde „im Bücherregal" zu Hause hatte. Sie hatte sie einzeln einschläfern und verbrennen lassen, natürlich nacheinander, und die geschmückten Urnen in ihr Bücherregal gestellt.

Eine andere Bekannte erzählte mir, dass sie die Asche ihres Hundes in ihrem Garten ausgestreut hätte – und dass nun dort wunderschöne Schneeglöckchen blühten.

Manche Leute bestatten ihren Hund im Garten – ein Bekannter schilderte mir, dass sein ganzer Garten schon voll mit all den verstorbenen Hunden sei.

Ich war froh, dass ich unseren Garten auf Fehmarn nicht mehr hatte – wie hätte ich sonst das Haus verkaufen und die Insel verlassen können, wenn Senta dort im Garten bestattet gewesen wäre?

Früher hatte ich daran gedacht, sie auf dem Kirchhof auf Hans Christians Grab zu bestatten, denn dort durfte man zusätzlich zum Sarg auch eine Urne beisetzen.

Ich wäre dann bei Nacht und Nebel auf den Kirchhof gegangen und hätte Sentas Urne im Grab ihres Herrchens beigesetzt.

Nun aber bin ich in Bamberg, und da ist es etwas einfacher.

Die Züchterin schrieb mir am Nachmittag, dass sie an diesem Tag ihre Hündin habe decken lassen. Als sie erfuhr, dass Senta um 13.15 Uhr gestorben war, schrieb sie mir, dass die kleine Hanna genau in dem Moment gezeugt worden war, als Senta ihre letzte Reise angetreten hatte. Das habe ich tatsächlich geglaubt – es war ein tröstlicher Gedanke.

Besuch einer Hündin als „Trauerbegleiterin“

Sentas Freundin war dabei, als Senta eingeschläfert wurde. Später kam meine Freundin, sie hatte schon gesagt, sie hätte einen Hund im Auto. Wenn ich wollte, könnten wir mit ihm spazierengehen, wenn Senta abgeholt worden sei.

Als wir dann aus der Tiefgarage wieder in die Wohnung kamen, räumte Sentas Freundin schon Sentas Sachen weg. Ich aber sagte, nein, einiges bleibt noch hier. Und meine Freundin durfte ihre Hündin Zoey aus dem Auto holen. Die war dann eine ganz empathische Trauerbegleiterin.

Meine Freundin meinte, sie hätte eine Flasche Champagner im Kühlschrank gehabt – aber zu Hause vergessen. Aber ich hatte schon vorhin zu Sentas Freundin gesagt: Wir werden ein Glas Prosecco trinken – auf Sentas Leben. Wir feiern ihr Leben – und unser gemeinsames Leben. Denn der Tod ist nur ein Übergang von der materiellen in die geistige Welt.

Für ein erfülltes Leben müssen wir akzeptieren, dass der Tod ein Teil des Lebens ist. Senta wird immer bei mir sein – genau wie mein Mann Hans Christian und meine Mutter, deren Tod mittlerweile fast 25 Jahre her ist. Beide haben inzwischen ihre Ruhe gefunden – aber unsere Verbindung ist nie abgebrochen. Ich glaube an das Leben nach dem Tod – ich glaube, dass unsere lieben Verstorbenen immer bei uns sind, dass sie nur in der geistigen Welt leben und nicht mehr in der materiellen.

Hunde kommen in unser Leben, um zu bleiben.
Sie gehen nicht fort, wenn es schwierig wird, und auch,
wenn der erste Rausch verflogen ist, sehen sie uns noch
immer mit genau diesem Ausdruck in den Augen an.
Das tun sie bis zu ihrem letzten Atemzug.
Vielleicht, weil sie uns von Anfang an als das sehen, was wir wirklich sind:
fehlerhafte, unvollkommene Menschen.
Menschen, die sie sich dennoch genau so ausgesucht haben.
Ein Hund entscheidet sich einmal für den Rest seines Lebens.
Er fragt sich nicht, ob er wirklich mit uns alt werden möchte.
Er tut es einfach.
Seine Liebe, wenn wir sie erst verdient haben, ist absolut.
(Pablo Picasso,1881-1973)

Senta ist und bleibt meine Seelenhündin, eine Hündin, wie es sie nie wieder für mich geben wird.

Für die Welt war Senta nur ein Hund. Aber für mich war sie meine Welt. Mit ihr ist auch ein Stück von mir gegangen. Doch wir verlieren sie nicht ganz, denn die Erinnerung an Senta bleibt uns für immer.

Die kleine Kelpiehündin Zoey aber war an diesem schweren Tag so hilfreich für mich, so empathisch – sie brachte Lebensfreude in meine Wohnung und ließ mich ganz oft lächeln.

Als sie weg war, habe ich noch lange mit guten Freunden telefoniert und war im Frieden mit dem Leben.

In der Nacht aber wurde ich weinend wach, es war so still in der Wohnung geworden. Ich war allein.

Zeit für die Trauer

Am Sonntagmorgen, dem ersten Morgen ohne Senta, schrieb mir eine Freundin:

Liebe Beate, ich schicke dir liebe Morgengrüße an diesem ersten Morgen ohne Senta. Ich denke an dich, ich weiß noch sehr genau, wie sich die Trauer in den ersten Tagen anfühlt, nachdem so eine liebe Gefährtin einen verlassen musste. Ganz herzliche Grüße, L.

Und ich antwortete:

Danke, liebe L., ja, der erste Morgen danach ist schon schlimm – Senta lag immer vor meinem Bett, wenn ich wach wurde. Ich habe nie das Licht angemacht und mich mit der Lampe an meinem Handy ins Bad geschlichen, um sie nicht zu stören. Und heute war niemand da, und es ist sehr still in der Wohnung.

Es war nicht sehr schön in den letzten Wochen, Senta fraß immer weniger, hatte Schmerzen und Übelkeit, weil die Leber nicht mehr richtig funktionierte. Am Mittwoch hatte ich noch etwas Hoffnung – aber danach hat Senta nichts mehr gefressen und auch in der Wohnung nichts mehr getrunken, nur noch aus Pfützen auf der Straße. Sie war ganz schwach. Es ging rapide zu Ende, und der Tierarzt hat sie gestern hier zu Hause erlöst.

Liebe Grüße, Beate

Mittags rief die Freundin an, deren Hund eine Woche vor Senta gestorben war – eigentlich hatte ich sie eingeladen, um mit ihr gemeinsam zu trauern. Nun aber mussten wir gleich zwei Hunde betrauern. Und am Sonntagabend trafen wir uns zum Abendessen.

Sie hatte mir ein wundervolles Bild hingelegt[5]:

Am Montag bekam ich „Beileidsbesuch" – die Mutter meiner Freundin kam mit einer Berner Sennenhündin aus der polnischen Zucht, und eine gute Freundin kam mit schönen Blumen.

Zwei Tage nach Sentas Tod sage ich die Reise nach Polen ab, bei der wir den 4 ½ Monate alten Berner Sennenwelpen holen wollten. Der Verstand lieferte mir sachliche Argumente – der Tierarzt hat mich da auch unterstützt mit seiner Meinung – aber letztlich war es mein Herz, das spürte: Ich brauche Zeit für die Trauer um meine geliebte Seelenhündin. Und so bereitete ich mich nun auf die „hundelose" Zeit vor.

Als ich am dritten Tag wach wurde, dachte ich, dass ich nun nicht mehr weinen muss beim Aufwachen, weil Senta nicht mehr vor meinem Bett liegt. Da klingelte es und wunderschöne Blumen wurden gebracht. „Wenn ein Hund geht, geht mit ihm auch ein Teil von uns. Doch wir verlieren ihn nie ganz, denn die Erinnerung an Senta bleibt uns für immer." So stand es auf der Karte. Und schon kamen mir wieder die Tränen und ich konnte gar nicht aufhören zu weinen. Danke für die schönen Blumen – an meine lieben guten Freunde und ihren Hund Karla!

Ich hatte eine Todesanzeige gestaltet und im Internet verbreitet – in meinem Facebook-Account und den beiden Berner Sennengruppen, über Whatsapp, in meinem Blogverteiler.

Darauf erfolgte eine Welle von Beileidsbekundungen von Freunden, Bekannten und mir völlig unbekannten Menschen.

Ein amerikanischer Autor und seine Frau veröffentlichten einen großen Post mit Fotos von Senta, die sie während unserer Lesetour 2017 durch Deutschland aufgenommen hatten.

Ich dankte unseren vielen Freunde für Hunderte von Beileidsbekundungen per Facebook, Whatsapp, E-Mail, traditioneller Post und Telefon. All das tröstete mich sehr – aber der Platz von Senta neben dem Flügel blieb leer.

Manche gute Freunde schrieben – gar nichts. Sie sagten auch nichts, sie riefen nicht an. Das schmerzte mich sehr, denn für diese Freunde, die meinen Hund gekannt hatten, hatte sich durch Sentas Tod offenbar gar nichts verändert.

Ich druckte die Todesanzeige aus und legte sie unseren Nachbarn in den Briefkasten. Hier gab es sehr freundliche Reaktionen – und von manchen Nachbarn auch gar keine. Ich wurde zum Kaffeetrinken bei Nachbarn in unserer Straße eingeladen und gewann neue Kontakte. Ich wurde von bekannten und unbekannten Menschen auf der Straße angesprochen, wo denn mein schöner Hund geblieben war.

Und ich erfuhr auch anderes – eine Frau aus unserem Viertel, die ich oft bei Hundespaziergängen getroffen hatte, meinte, sie würde mich ohne Hund gar nicht erkennen. Und als ich davon sprach, bald wieder einen Hund zu mir zu nehmen, war sie ganz empört und sagte, das dürfe man einem Hund nicht antun, wenn man schon so alt sei wie ich. Zukünftig ging ich ihr einfach aus dem Weg.

Ich bekam viele Anrufe – und jedes Gespräch tat mir wirklich gut! Auch als ich eines Tages beschloss, nun allen eine Danksagung zu schicken, damit die Flut der Nachrichten aufhörte – da ging es weiter. Es war sehr tröstlich für mich zu erfahren, wie viele Menschen Senta geliebt haben.

Am 9. Februar schrieb ich meinen Blogartikel „Der Himmel hat einen neuen Stern. Abschied von Senta“, auf den sehr viele Menschen emotional reagierten. In der Nacht vor dem 8. Todestag meines Mannes fiel mir das Bild ein, wie Senta an seinem Grab lag, am 15. Februar 2014. Die Verbindung zwischen ihnen war niemals abgerissen. Und nun war sie auf ihre letzte Reise zu ihrem geliebten Herrchen gegangen.

Heute habe ich einige Tage in Armentarola für Ende März gebucht, weil ich Senta ja versprochen hatte, dass sie wieder dorthin kommt. Das wird dann unsere letzte gemeinsame Reise nach Armentarola sein, weil ich ihre Asche dort, wo sie immer so glücklich war, verstreuen will. Ich werde zu den Sternen hinaufschauen: Dort, wo wir früher immer drei Sterne gesehen haben – Hans Christian, meine Mama und Sentas Mama Susi – dort werde ich nun vier Sterne sehen.

Wenn du Sehnsucht hast, erzähl es dem Wind – er wird dich trösten.
Wenn du traurig bist, erzähl es dem Regen – er wird mit dir weinen.
Wenn du Liebe suchst, sieh hinauf zu den Sternen –
dort warte ich auf dich.

Die „hundelose" Zeit

Ich hatte ja schon lange den Plan, Sentas Asche nach Armentarola zu bringen. Und so buchte ich eine Einzel-Einäscherung und bestellte eine sogenannte „Streu-Urne". Diese Urne kam dann 9 Tage nach Sentas Tod per Post hier an.

Am heutigen Tag – es war der 11. Verlagsgeburtstag – hatte ich einen ganz weiten Spaziergang gemacht, am Kanal entlang in den Hain, wo jetzt die Schneeglöckchen anfangen zu blühen, bis nach Bug, wo ich schon über ein Jahr lang nicht mehr gewesen war. Und es tat mir richtig gut. Ich habe mal wieder den Baum umarmt, den ich mir voriges Jahr bei einem Online-Seminar ausgesucht hatte!

Ich fragte mich: Was ist das Gute an dieser „hundelosen" Zeit? Und ich freute mich auf unsere letzte gemeinsame Reise nach Armentarola – auch mir würde eine Auszeit gut tun. Denn ich spürte eine starke Erschöpfung mit Müdigkeit und Schmerzen am ganzen Körper.

Die vielen Wochen mit der kranken Senta, meine Sorgen um sie, das Gefühl, nicht wirklich helfen zu können, und dann die Gewissheit, dass sie sterben würde.

Ihr Sterbetag und das Erlebnis des Einschläferns – all das machte sich jetzt bemerkbar. Jede Nacht wurde ich wach, und als ich nicht mehr immer nur weinen musste, kamen die Träume.

Eines Nachts hatte ich einen schlimmen Albtraum, und in der nächsten Nacht war ich wach geworden und hatte nur gute Gefühle, ich spürte, dass mich ein Engel besucht hatte.

Tatsächlich rief die freundliche Dame vom Bestattungsinstitut dann auch an und teilte mir mit, dass Senta am 11. Februar, also sechs Tage nach ihrem Tod, eingeäschert worden wäre. Nun hieß es warten auf die Urne, die mir per Post zugestellt werden sollte.

Außerdem plante ich einen Kurztrip nach Wien – das wollte ich ja schon vor drei Jahren mit Senta machen, um eine Freundin zu besuchen, die gerade nach Wien umgezogen war. Und nun dachte ich, dass ich in der „hundelosen" Zeit mal ganz einfach für drei Tage mit dem Zug nach Wien fahren könnte.

Meine Freundin war am 8. Februar in eine neue Wohnung gezogen, das damals ausgesuchte Hotel an der Staatsoper war jetzt noch näher dran – man kann da auch ohne Hund wohnen.

Hier in der Wohnung hatte ich gründlich aufgeräumt: Der Teppich kam zur Reinigung, die Putzfrauen hatten alles schön sauber gemacht. Ein Anstreicher war da, um die kleinen Maläsen an den Wänden zu reparieren – mit abwaschbarer Farbe.

Ich packte zwei große Pakete mit Futter und Leckerli von Senta, legte zwei alte Hundeleinen mit Halsbändern dazu. Eins schickte ich an die Bekannte mit Sentas Bruder und dem kleinen Bernersennenhund, und eins an unsere Freundin, die mir in der schweren Zeit so beigestanden hatte.

Dabei beschäftigte ich mich schon damit, was Welpen fressen – so habe ich einiges Futter behalten, was lange genug haltbar war und für den kleinen Welpen geeignet erschien.

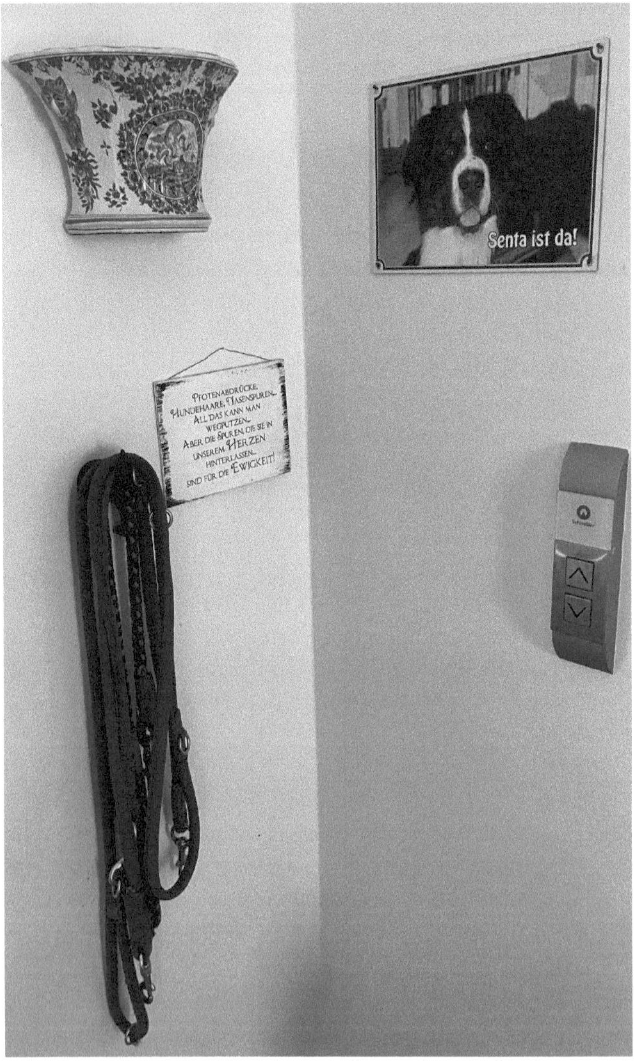
Senta ist da!
Pfotenabdrücke,
Hundehaare, Nasenspuren...
All das kann man
wegputzen...
Aber die Spuren, die sie in
unserem Herzen
hinterlassen...
sind für die Ewigkeit!

Eine Botschaft von Senta

Eine Woche nach Sentas Tod, am 12. Februar 2022, las ich am Abend das Buch „Was dir mein Herz noch sagen wollte: Hundebotschaften, die die Seele berühren“ von Susanne Orrù-Benterbusch.

Ich versuchte, Kontakt mit Senta aufzunehmen. Und dann hörte ich sie und schrieb ihre Worte in mein Macbook – am nächsten Tag konnte ich es kaum glauben, was ich da las. Es war ohne jeden Tippfehler geschrieben. Ich habe an dem Text nichts verändert:

Mein geliebtes Frauchen, meine Seelenfreundin,

als ich zu euch kam, habe ich es gleich gemerkt: Du konntest mich nicht lieben, weil du all deine Liebe deinem Mann gegeben hast – es gab für dich nur ein Ziel: Er sollte wieder gesund werden.

Und so beschloss ich, dir zu helfen und ihn zu lieben. Und er war so dankbar, er gab mir, der kleinen Berner Sennenhündin, all seine Liebe zurück. Mir ging es so richtig gut damals bei euch, denn du warst ja immer für mich da. Ich habe leckeres Futter bekommen und durfte in eurem schönen Garten spielen. Im Sommer hast du mir ein kleines Schwimmbecken aufgebaut – aber ich mochte gar nicht schwimmen. Auch als du mit mir zum Strand gefahren bist, traute ich mich nur immer ganz vorne ins Wasser, da wo es seicht war. So brauchte ich nie schwimmen zu lernen.

Und irgendwann bin ich nicht mehr ins Auto gestiegen, weil es Herrchen immer schlechter ging. Da wollte ich ihn nicht alleine lassen. So gerne sprang ich zu ihm ins Bett, aber du hast immer etwas gefunden, damit ich das nicht schaffte. Ich habe mich sehr gewundert, denn du wolltest doch immer nur das Beste für ihn!

Einmal habe ich es geschafft, zwischen euch beiden zu liegen. Du hattest Geburtstag, warst schon früh aufgestanden, weil das Telefon klingelte, und als du mit deiner Freundin gesprochen hast, bin ich zu Herrchen ins Bett gesprungen. Zum Glück kamst du dann in dein Bett, und wir drei waren endlich eine glückliche Familie. Trotzdem wurde Herrchen nicht wieder gesund.

Eines Tages habt ihr gespannt gewartet, ein Krankenwagen sollte kommen. Ich saß ganz lieb neben meinem Herrchen, aber du hattest Angst und hast mich in die Küche gesperrt. So konnte ich nicht helfen, als die Männer mein Herrchen abgeholt und in den großen Wagen gebracht haben. Ich durfte nicht mitfahren, sondern musste alleine zu Hause bleiben. Denn du bist hinterher gefahren in die große Klinik, wo man mein Herrchen hingebracht hatte.

Ganz traurig bist du zurückgekommen, ich habe versucht, dich zu trösten. Aber am nächsten Morgen bist du wieder dorthin gefahren und kamst noch trauriger zurück. Herrchen würde sterben, hatte man dir gesagt. Aber mich hast du nicht zu ihm mitgenommen, Hunde dürfen dort nicht hinein, so hieß es.

Dann kamst du nach Hause und statt zu weinen hast du begonnen, all unsere Bücher zu zählen, die wir in unserem Verlag schon hatten. Am Abend hast du in der Klinik angerufen, aber sie wussten nichts Neues.

Wir beide haben gemütlich auf meinem Sofa gesessen, aber du hast immer noch nicht gemerkt, wie lieb ich dich hatte. Du hast ein wenig geweint, und dann hast du mir von Armentarola erzählt, dem Ort, wo Hunde und Menschen gleichermaßen glücklich sein können. Das hörte sich für mich an wie das Paradies. Du hast aus deinem Buch vorgelesen und wir beide haben eure Reisen nach Armentarola noch einmal gemacht – ich bin einfach deinen Gedanken gefolgt und sah wunderschöne Blumenwiesen, grüne Hügel, einen rauschenden Bach.

Am nächsten Morgen bist du schon ganz früh, noch im Dunkeln, losgefahren mit Marlen, und Hansi blieb bei mir. Ich habe all meine Liebe zu dir und Herrchen geschickt, aber als du nach Hause kamst, warst du ganz traurig, weil Herrchen unsere Welt verlassen hatte. Am nächsten Tag bist du mit mir durch das Dorf gelaufen, wir haben Briefe verteilt, damit alle Nachbarn Bescheid wussten. Leute kamen in unser Haus, und ich habe so viele Tränen gesehen wie noch nie. Ich habe immer versucht, dich fröhlich zu stimmen, denn ich wusste doch, dass es meinem Herrchen jetzt gut ging. Aber du hast das nicht gemerkt, dass ich dich glücklich machen wollte.

Bis zu dem Tag, als der Bauer über unseren Zaun stieg und quer durch unseren Garten ging. Du hast ihn gefragt, was er wollte, er hatte nur eine Ausrede. Dann warst du weg und kamst später weinend zurück, Herrchen aber kam nicht wieder. Oh Mann, habe ich gedacht, dem Bauern werde ich es aber zeigen! Seine Spur begann ja in unserem Garten, ich habe sie verfolgt durch das Dorf und habe sein Haus gefunden – dort hast du mich wieder eingefangen und nach Hause gebracht. Ich war ganz stolz, denn du hast dann die Bäuerin angerufen und ihr gesagt, dass du ihnen nicht mehr erlaubst, einfach über den Zaun in unseren Garten zu kommen!

Und dann war ich richtig glücklich, als du sagtest, jetzt wollen wir Herrchen besuchen. Wir sind die lange Straße entlang gewandert – ehrlich, ich habe viele Kaninchen gerochen, aber ich musste doch auf dich aufpassen! Und dann wusste ich den Weg, denn ich konnte mein Herrchen riechen, auch wenn er schon eine Woche von zu Hause weg gewesen war! Wir gingen auf den Kirchhof und ich zeigte dir den Weg zu dem Ort, wo er war – du nanntest es sein Grab. Den Namen hatte ich noch nie gehört, aber ich sah so viele schöne Blumen, so wie wir sie sonst zu Herrchens Geburtstag hatten – und schon fand ich Herrchen, er hatte sich unter den Blumen versteckt. Und ich war so richtig glücklich, wieder bei ihm zu sein.

Wir gingen noch ein paarmal die Straße entlang zu Herrchen, aber dann blieben wir zu Hause, wo es ganz still geworden war. Niemand kam mehr zu uns, und nun konnte ich dir wieder zeigen, wie lieb ich dich hatte. Aber du wolltest das nicht, du hast jemanden angerufen und gefragt, ob ich zu ihm kann. Der wollte das aber auch nicht, auch wenn er vorher immer Leckerchen geworfen hatte, wenn er zu uns kam. Dabei hattest du ihn schon nicht mehr zu Herrchens Geburtstag eingeladen, weil Herrchen seine Behandlung nicht mehr wollte.

Ich habe ja immer versucht, Herrchen zu schützen, und dann hast du endlich gemerkt, dass der Mann es nicht so gut meinte mit Herrchen. Und er durfte nicht mehr zu uns kommen. Und dann wolltest du mich zu ihm schicken! Aber ich habe ihn innerlich so angeknurrt, dass er mich nicht wollte. Einmal haben wir ihn noch besucht und er wollte zu Herrchen gehen auf dem Kirchhof. Denn zu Herrchens Abschiedsfeier war er nicht gekommen. Mann, war ich froh, als du das endlich gemerkt hast, dass wir beide zusammen gehören – ich zu dir und du zu mir.

Nun hatte ich neue Aufgaben, denn es kamen immer wieder fremde Leute, vor denen ich dich beschützen musste. Irgendwie hast du es dann auch gemerkt, und wir beide wurden ganz gute Freunde. Niemand durfte unser Haus betreten, der es nicht gut mit dir meinte. Und es kamen einige, die wir beide gern hatten. Einer ist noch heute unser Freund, leider wohnt er nicht bei uns in der Nähe, weil wir doch jetzt nicht mehr auf der Insel, sondern in der Stadt wohnen. Er hat uns aber schon einmal besucht, da habe ich mich so gefreut!

Und dann gingen wir beide auf eine ganz große Reise – nach Armentarola, wie du mir erklärt hattest. Ich dachte, das wäre im Himmel, weil Herrchen ja dorthin gegangen war, nachdem wir in der Nacht die erste Reise nach Armentarola gemacht hatten. Danach war Herrchen nicht mehr nach Hause gekommen. Und so wollte ich dich auch beschützen und wurde krank. Du aber bist mit mir nach Armentarola gefahren und ein ganz netter Doktor hat mich operiert. Zwei Tage danach war ich wieder gesund und wusste, nun liebst du mich von ganzem Herzen. Und so fuhren wir bald wieder nach Armentarola, das war noch viel schöner als beim ersten Mal, weil ich etwas kennenlernte, was ich noch nicht kannte: Schnee. Wie glücklich war ich, im Schnee zu versinken, zu toben, daran zu lecken! Und ich spürte, dass ich dich damit auch glücklich machen konnte.

Nun begannen wunderschöne Jahre für uns, wir beide haben viele Reisen gemacht, viele nette Leute kennengelernt, und ich musste dich gar nicht mehr so oft beschützen. Denn du hast selber auf dich aufgepasst – und auch auf mich.

Ich war immer glücklich, wenn wir wieder in Armentarola waren und ich über die Hügel zum Bach rennen konnte oder in dem Brunnen trinken durfte. Mein liebes Frauchen, das waren unsere allerschönsten Jahre! Aber dann spürte ich, wie sich etwas veränderte: Die Leute fragten immer, ob ich schon ein alter Hund sei, aber du sagtest, nein, Senta ist doch erst 8 Jahre alt! Als ich 9 wurde, warst du ganz traurig, weil du dachtest, ich wollte dich schon verlassen. Auch ich war traurig, weil meine Hundefreundin Luna sich ganz plötzlich verabschiedet hatte. Wir hatten doch immer so schöne Spaziergänge am Strand gemacht!

Als ich 10 wurde, musste ich dir erzählen, dass ich spürte, wie sich etwas veränderte. Du warst enttäuscht, dass ich meine Geburtstagstorte nicht gefressen habe und auch keine Freude mehr an den vielen bunten Päckchen hatte, die du liebevoll für mich auf den Tisch gelegt hattest. Nur eins habe ich ausgepackt und das Leckere darin aufgefressen. Immer wieder habe ich dir dann gesagt, dass es mir nicht so gut ging – aber du hast nur gemeint, ich soll nicht so laut sein. Ja, ich habe viel gebellt letzten Sommer, denn ich wollte dich doch weiter beschützen. Wenn du eingeschlafen warst, habe ich dich geweckt, damit ich nach draußen auf die Terrasse konnte. Ich spürte, dass uns etwas bedrohte.

Eines Tages hatte ich einen dicken Knubbel am Bauch – ich hatte ihn schon lange gespürt, und du hast dann einen großen Schreck bekommen, als du ihn beim Kraulen meines Bauches am Morgen entdeckt hast. Immer hast du gehofft, dass er wieder verschwindet, aber er wurde immer größer. Der nette Doktor meinte, das sei nichts Schlimmes, und so waren wir wieder mal glücklich in Armentarola.

Aber dann spürte ich eine neue Gefahr für uns, ich versuchte, dich darauf aufmerksam zu machen. Aber du hast das gar nicht gemerkt. Bis ich weniger gefressen habe und dann krank wurde. Ich habe dann ganz laut gebellt, als der Mann zu uns kam, vor dem ich Angst hatte. Endlich hast du es auch gespürt, wieviel negative Energie er in unser Zuhause brachte.

Mein liebes Frauchen, ich war dann bald ganz schrecklich müde und konnte all die leckeren Sachen, die du mir immer gegeben hast, nicht mehr vertragen. Du hast sogar für mich gekocht und mir leckere Steaks gebraten. Immer noch dachte ich, ich muss dich beschützen – aber der Mann kam nicht mehr und du hast auch gar nicht mehr an ihn gedacht. Das habe ich ganz deutlich gespürt – und als ich merkte, wie du an einen anderen Hund dachtest, wusste ich, dass ich nun gehen konnte. Zu meinem Herrchen, denn der hatte schon lange auf mich gewartet. Ich wusste, dass du einen neuen Beschützer haben würdest. Und so konnte ich in Frieden einschlafen.

Nach meiner Reise über den Regenbogen bin ich bei Herrchen angekommen und da habe ich meine Mama Susi wiedergetroffen! Sie hat all die Jahre auf Herrchen aufgepasst! Und deine Mama habe ich auch getroffen! Nun passen wir alle vier auf dich auf – wenn du in der Nacht zum Himmel schaust, wirst du vier lachende Sterne sehen. Und das sind wir! Du hast mir versprochen, dass ich wieder nach Armentarola zurückkehren darf – nun bin ich gespannt auf unsere nächste Reise. Und wenn du dort die Südtiroler Sterne siehst, dann bin ich einer davon und lache dir blinkend zu.

Empfangen von Senta am Sonntag, 13. Februar 2022, 1.01 Uhr

Ein neuer Hund?

Am 16. Februar schrieb mir eine junge Freundin:

Liebe Beate,

ich denke jeden Tag ganz, ganz viel an Dich!

Deinen schönen Blogbeitrag zum Tod von Senta habe ich gelesen. Das hast Du wundervoll geschrieben.

Ich bewundere Dich, wie Du die Sachen angehst, wie Du schöne Rituale für Dich hast, wie die Du die Trauer zulässt und zugleich beherzt zupackst.

Dass die kleine Hanna grad gezeugt wurde, als Senta diese Welt verlassen hat, kann man als Zeichen sehen. Bist Du sicher in Deinem Entschluss, dass ein neuer Hund einziehen soll und das schnell? Ich kann das gut verstehen. Die Lücke, die Senta in Deinem Leben hinterlässt, ist groß. Ihr wart so verbunden, und sie hat Dir viel gegeben. Ich könnte mir vorstellen, dass es noch andere Wege gibt als einen kleinen Hund. Ich bin sicher, Du hast auch Ideen.

Natürlich stellte ich mich taub – welchen anderen Weg sollte es denn geben, außer einem jungen Hund?

Ich schrieb ihr:

Heinz Rühmann soll gesagt haben: Natürlich kann man ohne Hund leben, es lohnt sich nur nicht.

Und sie antwortete:

Das mag sein. Die nächsten Wochen werden es Dir zeigen.

Am 18. Februar stellte die Leiterin der Bernersennengruppe ein Foto von Senta und mir als Titelbild ein.

Am 21. Februar brachte der Postbote das Paket mit der Urne. Ich hatte mir selber einen Blumenstrauß gekauft, als Erinnerung an unseren Verlobungstag vor 16 Jahren.

Und dann kam mittags die Urne mit Sentas Asche an – das hatte mich erst einmal völlig aus der Fassung gebracht. Und ich stürzte mich in die Arbeit – das aktuelle Buchprojekt war fast fertig. Arbeit bringt mich wirklich auf andere Gedanken.

Dazu die heutigen Affirmationen von Louise Hay: *Ich bin bereit, loszulassen. Ich löse mich von aller Traurigkeit. Ich bin im Frieden mit mir selbst. Ich bin in Harmonie mit dem Leben. Ich bin sicher und geborgen.*

Und dann nahm ich dieses Foto auf – die Blumen passten zu diesem Anlass. Diesen 21. Februar werde ich nicht so schnell wieder vergessen.

Ich schrieb einer Freundin:

Die Blumen hatte ich zu einem privaten Erinnerungstag gekauft – nun passen sie zu diesem Anlass.

Es ist ein eigenartiges Gefühl – aber Sentas Seele ist schon lange im Himmel. Das habe ich in einer Nacht ganz deutlich gespürt, als ich aufwachte und mich ganz glücklich und leicht fühlte (nach einer anderen Nacht voller Albträume).

Die Dame vom Bestattungsinstitut hatte mich angerufen und gesagt, dass Senta am 11. Februar eingeäschert worden ist. Am 12. Februar war es ja genau eine Woche her, dass sie gestorben ist – ich habe intensiv Kontakt mit ihr aufgenommen und all die Fotos aus dem letzten Jahr angesehen.

Sehr spät am Abend hörte ich mit einem Mal Senta zu mir sprechen. Ich habe es aufgeschrieben, was ich von ihr empfangen habe: 3 DIN A4-Seiten auf meinem Macbook.

Ich nehme diesen Text auf jeden Fall in mein kleines Buch auf, das ich zum Abschied vom geliebten Hund schreiben werde. Es war ein ganz eigentümliches Erlebnis, aber der Text ist sehr schön, wie ich finde. Ich lese ihn jeden Tag wieder und kann nicht glauben, wie er zustande gekommen ist.

Ich habe mit einer Bekannten, die Tierkommunikatorin ist, darüber gesprochen – sie erzählte mir, dass sie oft mit Tieren nach deren Tod Kontakt aufnimmt und Dinge hört, die sie gar nicht wissen kann.

Und die Freundin antwortete:

Ja, so ist das Leben – voller Geheimnisse und Wunder, und wenn wir unsere Wahrnehmung öffnen, dann können wir hören und sehen und fühlen, was man mit dem Verstand nicht für möglich hält. Und wenn wir dem dann noch vertrauen, werden wir unermesslich beschenkt.

Wundervoll, dass Du diese Geschenke erhalten hast! Es tröstet und gibt Kraft und Vertrauen. Und Leichtigkeit.

Ich begann, mir zu überlegen, wo am Gaderbach ich Sentas Asche ausstreuen wollte. Ob es dort eventuell noch Schnee geben würde am Ufer, wie ich die Urne transportieren würde und was ich hinterher damit machen würde. Lauter Träume für schlaflose Nächte – denn ich war weiterhin jede Nacht wach und musste weinen um meine verstorbene Hündin.

Und jeden Samstag um 13.15 Uhr gedachte ich meiner lieben Senta – ich hängte das Foto in meinem Büro auf, das Sentas Freundin zwei Tage vor ihrem Tod aufgenommen hatte und lud es auch auf mein Handy – bis ich es nicht mehr ansehen konnte, ohne gleich in Tränen auszubrechen …

… bis ich dann ein schönes altes Foto aus Fehmarn fand, das nun auf meinem Handy ist:

Am 25. Februar machte ich den ersten Ausflug ohne Senta – Weinkauf und Forellenessen in Handthal – auch hier war sie in allerbester Erinnerung: „So ein lieber Hund", sagte die Bedienung, „hat immer brav am Tisch gesessen und niemanden gestört."

Ich hab dann noch die „kleine Gassirunde ohne Hund" gedreht, gesehen, wo sie immer P. und K. gemacht hat und wo sie in den kleinen Bach zum Trinken gegangen ist. Es war eine schöne Erinnerung.

Nicht nur in den Tagen vor Sentas Tod wurden mir Welpen angeboten. Als ich mich gegen den polnischen Rüden entschieden hatte, war das in Ordnung – für die Züchterin und auch für meine Freundin und ihre Mutter, die mich mit einer Berner Sennenhündin aus der polnischen Zucht besucht hatte. Als Hanna dann plötzlich genau in dem Augenblick gezeugt worden war, als Senta ihre letzte Reise angetreten hatte, habe ich das geglaubt und allen Leuten erzählt!

Freunde schickten mir Links zu Züchtern von Berner Sennenhunden in der Umgebung von Bamberg. Eine andere Züchterin bot mir an, sich für mich zu verwenden, damit ich einen Welpen des aktuellen Wurfs bekam. Man bot mir ältere Hunde an. Ich aber sagte, dass ich auf Hanna warten würde. Das hatte sich fest bei mir eingeprägt, denn noch emotionaler kann es ja gar nicht sein, als dass ein Hund gezeugt wird in dem Moment, wenn der eigene Hund gestorben ist. Heute habe ich gewisse Zweifel daran, vor allem nach Reaktionen, die ich spürte, als Lucie plötzlich da war.

Lucie ist da

Am 4. März 2022 fühlte ich mich einfach nur noch schlecht. Ich stellte infrage, warum ich noch weiterleben wollte. Ich hatte eine tiefe Depression – etwas, was ich sonst gar nicht von mir kenne. Und ich schrieb einen Post auf Facebook:

Heute Abend ist es genau vier Wochen her, dass meine geliebte Seelenhündin Senta sich von mir verabschiedet hat. Am nächsten Tag um 13.15 Uhr hat sie dann friedlich und in Würde ihre letzte Reise angetreten. Ich dachte schon, dass ich die Trauer überwunden hätte – aber dann kam der Krieg in der Ukraine, zuerst war ich ärgerlich, dass ich die Karnevalssendungen nicht sehen konnte, auf die ich mich gefreut hatte. Am Sonntagabend kam ich mir plötzlich ganz allein vor – für wen sollte ich noch sorgen, wenn die Welt zusammenbricht? Aber am Montag telefonierte ich mit einer Autorin – sie sprach davon, wie wichtig ein neuer kleiner Hund für mich sei – als lebensverlängernde Maßnahme. Mein Hausarzt, bei dem ich mich an diesem Tag untersuchen ließ – weil ja Hunde manchmal ihren Menschen Krankheiten abnehmen – bestätigte mir, dass ich ganz in Ordnung sei. Und er versprach mir, notfalls zu bescheinigen, dass ich aus gesundheitlichen Gründen unbedingt wieder einen Hund haben müsste.

Voller Spannung warte ich dieser Tage darauf, ob die Hündin, die genau zu Sentas Todeszeitpunkt gedeckt worden war, nun tatsächlich Welpen erwartet. Bald wissen wir es.

Seit zwei Tagen ist hier im Haus die Heizung ausgefallen, auch das Warmwasser, schon wieder komme ich mir verlo-

ren vor. Gestern war herrlichstes Frühlingswetter, ich wurde wach und wusste, dass ich übernächste Woche nicht nach Wien fahren möchte. Das war eine spontane Planung für die „hundelose Zeit“, und mit einem Mal wusste ich nicht, warum ich nach Wien fahren sollte. Die Reise mit Sentas Asche nach Armentarola sitzt mir schon unter, und vorher bleibe ich lieber zu Hause, auch angesichts der Coronalage und der Ukraine. Habe dann am Abend alles storniert. Nachdem ich den ganzen Tag nachgedacht hatte – unvermittelt hatte mich die Trauer wieder ganz heftig im Griff.

Jetzt geht die Heizung immer noch nicht, aber eine liebe Nachbarin hat mir ein kleines Heizgerät mitgebracht – wir wollen nicht den Mut verlieren, und uns auch nicht erkälten. Vielleicht bleibt die Heizung noch bis Montag kalt.

In diesen vier Wochen haben mich all die guten Freunde getragen, die mir geschrieben und die mich angerufen haben. Verstanden zu werden in dieser tiefen Trauer, das tut einfach gut und es hilft mir auch. Gestern traf ich auf dem Spaziergang wieder die Frau, die oft negativ ist – erst schimpfte sie auf den Tierarzt, den sie gar nicht kannte, ohne zu fragen, wie es Senta und mir ging. Dann war sie die erste, die hier anrief, nachdem Senta gestorben war, und die mir am Telefon etwas vorheulte. Gestern traf ich sie und sie meinte, es sei unverantwortlich von mir, wieder einen Hund zu nehmen – was wäre denn, wenn ich am nächsten Tag nicht mehr da wäre? Ich habe mir geschworen, dass ich beim nächsten Mal, wenn sie mir begegnet, die Straßenseite wechsle. Negativ denkende Menschen brauche ich gar nicht, von denen halte ich mich fern, sende ihnen aber trotzdem positive Gedanken.

Auch das habe ich von Senta gelernt – ein Hund entscheidet ganz einfach, ob er jemanden mag oder nicht. Und dann zeigt er es deutlich. Nun schlafe ich in diesen schwierigen Gedenktag hinein, an dem ich vor vier Wochen morgens um fünf Uhr wach wurde und sofort wusste, dass der endgültige Abschied von Senta gekommen war. Ich danke meinen Freundinnen, die mir sehr geholfen haben in diesen schweren Stunden.

Und ich danke meiner lieben Senta von Herzen für mehr als zehn Jahre unseres tollen Lebens, für ihre Liebe, ihre Treue und ihr Vertrauen bis zur letzten Sekunde ihres Lebens.

Und meine Freundin fragte: *Liebe Beate, möchtest Du morgen ein bisschen mit uns laufen? Ich habe die zwei Hübschen von den Tierärzten bei mir und die sind so lebensfroh zu viert.*

Es war ein wundervoller Spaziergang mit vier Hunden. Ich genoss das sehr und fand wieder zu meiner alten Lebensfreude zurück. Am nächsten Tag schaute ich mich auf der Website des Bamberger Tierheims um, ob es da einen Hund für mich gab. Und mir fiel ein, dass die kleine Lucie, die gestern beim Spaziergang dabei gewesen war, noch bei ihrer Züchterin war, mit 14 Monaten. Ich googelte also nach Kelpies, glaubte nicht alles, was dort stand und rief meine Freundin an. Ergebnis. Lucie kam zwei Tage später zur Probe zu mir.

Einige Tage später postete ich:

Vertraue dem Leben – so lautete das Motto für meinen Rückblick auf das Coronajahr 2021. Und als am 5. Februar 2022 meine geliebte Seelenhündin Senta ihre letzte Reise antrat und verschiedene Möglichkeiten für einen „neuen" Hund sich auftaten, habe ich ein paar Grundentscheidungen getroffen: nicht sofort wieder einen Hund zu mir zu nehmen, sondern die Trauer um Senta zuzulassen und auszuleben, mich nicht zu verlassen auf eine mögliche Schwangerschaft, von der man erst im April wissen kann, wie das Ergebnis sein wird – ich habe immer gesagt: „Ich vertraue dem Leben. Es wird schon so kommen, wie es kommen soll."

Und tatsächlich ist ein neuer Hund in mein Leben gekommen: Lucie, eine junge Kelpiehündin. Meine Intuition hat mir den Weg gezeigt, nachdem ich mit einer Freundin und mehreren Hunden spazieren gegangen war. Ich konnte es mir nicht mehr vorstellen, eine Berner Sennenhündin in mein Leben zu nehmen – immer und überall hätte ich sie mit meiner geliebten Senta verglichen, keine wäre so schön gewesen wie sie! Und so erschien es mir – auch aus Gründen meiner Lebensplanung – naheliegend, eine kleinere Hündin zu mir zu nehmen, die all die Schwierigkeiten der Welpenzeit schon überstanden hat. Dazu hatte mir auch unser Hundetrainer, José Arce geraten, der ja wusste, welche Probleme Senta und ich früher mal hatten.

Die kleine Lucie schläft nun friedlich in meinem Büro auf Sentas alter Kinderdecke.

Am 24. März postete ich das Foto, das nun auf dem Cover dieses Buches ist, mit einem Gedicht von Rainer Maria Rilke:

Du musst das Leben nicht verstehen,
dann wird es werden wie ein Fest.
Und lass dir jeden Tag geschehen,
so wie ein Kind im Weitergehen
von jedem Wehen
sich viele Blüten schenken lässt.
Sie aufzusammeln und zu sparen,
das kommt dem Kind nicht in den Sinn.
Es löst sie leise aus den Haaren,
drin sie so gern gefangen waren,
und hält den lieben jungen Jahren
nach neuen seine Hände hin.
(Rainer Maria Rilke, 1875-1926)

Eine denkwürdige Reise

Diese Reise hatte ich geplant, um Sentas Asche nach Armentarola zu bringen. Am 30. März war es dann soweit: Ich habe Sentas Asche dem Fluss des Lebens übergeben. Lucie war dabei, als ich sie in den Gaderbach streute. Ich bin so dankbar für all die schönen Jahre, die ich mit Senta erlebt habe – und ich war auch erleichtert, weil diese schwierige Zeit der Trauer über den körperlichen Verlust meiner Seelenhündin nun abgeschlossen war.

Nun konnte ich die spirituelle Verbindung und Kommunikation mit ihr weiterführen, so wie sie wenige Tage nach ihrem Tod begonnen hatte. Die kleine Lucie war an diesem Tag eine sehr mitfühlende Begleiterin, genauso wie ihre Mama Zoey an Sentas Todestag.

Ich war froh, dass ich diese denkwürdige Reise mit Sentas Asche nicht alleine machen musste. Aber jeden Tag wurde es schwieriger für mich – ich bemühte mich, Lucie beizubringen, an der Leine zu laufen, auf Radfahrer zu achten und nett zu anderen Spaziergängern zu sein. Mit wechselndem Erfolg. Aber eins schaffte ich nie: sie zu beruhigen, wenn sie einen anderen Hund traf. Sie geriet dann völlig aus der Fassung und bellte lautstark, noch lange, nachdem der andere Hund schon wieder verschwunden war.

Mein linker Fuß schmerzte, auch meine Arme wurden etwas lahm von den Anstrengungen, Lucie an der Leine zu halten. Von Tag zu Tag nahmen meine Schmerzen zu – ich hatte große Angst zu stürzen, denn der Boden war mit Eis, Schnee und Matsch bedeckt, und Lucie zog immer mehr an der Leine. Immer öfter rief ich „langsam" und schrie auch manchmal vor Schmerzen.

Im Hotel sprachen mich meine Freunde an, sie machten sich Sorgen um mich, meinten, dass diese Hunderasse nicht zu mir passte. Am nächsten Morgen musste ich ihnen recht geben – obwohl die kleine Lucie sich schon einen Platz in meinem Herzen erobert hatte und wir auch viele schöne und glückliche Momente erlebten. Die Schmerzen ließen mich nicht mehr schlafen und der Stress bei den Mahlzeiten nahm nochmals zu. Ich konnte einfach nicht mehr und rief dann die Freundin und Züchterin an. „Du verlierst Lucie nicht, wenn sie wieder zu mir kommt", sagte sie, „Lucie wird jetzt zwei Familien haben." Und wir berieten, dass ich Lucie auf meiner Rückreise direkt zu ihr bringen sollte.

An diesem Nachmittag machte ich mir Gedanken über ein Leben ohne Hund – so wie ich es ja schon letzten Sommer beschlossen hatte. Damals hatte ich nur noch nicht damit gerechnet, dass Senta mich so schnell verlassen würde, und dass ich emotional in so ein tiefes Loch fallen würde.

So kam ich erstmalig nach 17 Armentarolareisen ohne Hund in meine Wohnung zurück. Das Leben darf ruhig etwas leichter werden – auch wenn mir Senta und die kleine Lucie fehlen werden.

Von Louise Hay stammen diese Worte, die gut zu dem kleinen Wasserfall in Armentarola passen: „Ich bin auf einer endlosen Reise durch die Ewigkeit. In der Unendlichkeit des Lebens ist alles vollkommen, ganz und vollendet. Der Kreislauf des Lebens ist auch vollkommen, ganz und vollendet. Es gibt eine Zeit des Beginnens, eine Zeit des Wachsens, eine Zeit des Seins, eine Zeit des Verwelkens oder des Verfalls und eine Zeit des Abschieds. Sie sind alle Teil der Vollkommenheit des Lebens."[6]

Dankbarkeit

Ich ende mit diesem schönen Foto von Senta am Gaderbach in Armentarola – da, wo sie mir immer wieder gesagt hatte: „Hier möchte ich nicht mehr weg!“

Ich bin meiner Seelenhündin unendlich dankbar für unser gemeinsames Leben. Senta hat mir mir jeden Tag aufs Neue gezeigt, worauf es ankommt im Leben: Beisammen sein, zueinander stehen, aufrichtig sein in den Gefühlen, den anderen trösten und ihm Mut geben, wenn es notwendig ist, Freude und Trauer miteinander teilen, fröhlich sein, gemeinsam am Strand spazierengehen und auf Reisen sein, aufs weite Meer schauen und an die Lieben denken, die schon jenseits des Horizonts, jenseits der Regenbogenbrücke leben und auf uns warten, bis wir uns eines Tages wiedersehen. In den Bergen von Armentarola auf die jahrtausendealten Berge schauen, Mut und Kraft bekommen und an die Lieben oben im Himmel denken. Ich werde immer wieder zu den Sternen hinaufschauen: Dort, wo wir früher immer drei Sterne gesehen haben – Hans Christian, meine Mama und Sentas Mama Susi – dort werde ich nun vier Sterne sehen.

**Der Himmel hat einen neuen Stern!
Wenn ich die Südtiroler Sterne sehe, dann ist Senta einer davon und lacht mir blinkend zu.**

Dankbar bin ich auch all meinen Freunden, die mir in der schweren Zeit des Abschieds von Senta so sehr geholfen haben. Auch all den unbekannten Menschen, die auf Facebook so großen Anteil genommen haben – Senta hatte so viele Freunde! Insbesondere danke ich Martina, Conny, Elke und Jenny für ihren unermüdlichen Beistand.

Bei unserem Tierarzt Dr. Torsten Keil bedanke ich mich herzlich für die liebevolle Behandlung und für seinen einfühlsamen Besuch an dem Tag, als Senta erlöst wurde. Dabei habe ich tiefen Frieden empfunden. Ein großes Dankeschön geht auch an José Arce, der mir stets gute Ratschläge gegeben hat, wenn ich nicht mehr weiter wusste.

Sehr dankbar bin ich zwei guten Freunden, die mich daran erinnert haben, was ich eigentlich will. Nach der Mail des einen Freundes musste ich weinen und mir wurde klar, dass mein Herz wieder einen Hund haben wollte.

Der andere Freund fand den zentralen Satz in all meinen Mails: „Eigentlich möchte ich nur Senta wiederhaben." Das ist das durchgehende Gefühl, das ich immer wieder spüre – und ich fühlte mich endlich verstanden.

Und heute, am Tag vor Sentas 11. Geburtstag, fand ich in meinem Buch „Leben ist mehr auch in Krisen" diesen Text, den ich bereits im Juni 2018 in Armentarola aufgeschrieben hatte: „Ich möchte, dass Senta auch in sieben Jahren noch bei mir ist. Sollte sie früher über die Regenbogenbrücke gehen, nehme ich sofort wieder einen Welpen zu mir, eine kleine Berner Sennenhündin. Senta II. lernt dann von Anfang an, was Senta jetzt alles kann. Und ich bleibe fit durch die viele Bewegung mit der Berner Sennenhündin. Und Armentarola wird sie auch lieben!!"

Und nun entscheide ich erst einmal gar nichts. Denn am 20. Mai werde ich 70 Jahre alt – ein neuer Markstein in meinem Leben! Nach der „Theorie der Lebenszyklen" tritt der Mensch etwa alle sieben Jahre in ein neues Stadium der Persönlichkeitsentwicklung ein. Nach einer Phase der Stabilität folgt nun wieder eine Übergangszeit. Insofern lebe ich sehr bewusst auf meinen 70. Geburtstag hin, den ich mit vielen Gästen auf meiner schönen Dachterrasse feiern will.

Und im September möchte ich zum ersten Mal meinen Urlaub in Armentarola ganz alleine genießen.

Und falls eine Berner Sennenhündin in mein Leben kommen sollte, schaue ich mir an, ob wir zusammenpassen.

Und das Leben wird mir schon zeigen, ob sie für mich bestimmt ist.

Bamberg, 2. Mai 2022 Beate Forsbach

Zur Autorin

Dr. Beate Forsbach, Jg. 1952, lebt in Bamberg. In den letzten 12 Jahren hat sie mehr als 600 Autoren begleitet, ihre einzigartige Geschichte in einem Buch zu veröffentlichen. Und alle sind mit Spaß und Leichtigkeit gemeinsam mit ihr ihren Weg des „Erfolgs mit Herz" gegangen.

Durch ihr exklusives 1:1 Mentoring-Programm, ihr Teamwriting-Angebot und ihr Onlineprogramm schaffen es ihre Kunden, ihren Traum vom eigenen Buch zu verwirklichen.

Unter dem Motto „Bücher mit Herz" veröffentlicht sie in ihrem eigenen Verlag Bücher mit positiven Gedanken für ein positives, gelingendes Leben.
www.beateforsbach.de

Auswahlbibliographie

Anita Schneider-Weissbaum: Berner Sennenhund. Das große Rassehandbuch. Müller Rüschlikon Verlag, Stuttgart 2007

Beate Forsbach: Leben ist mehr auch in Krisen. Gelassen älter werden. Edition Forsbach, Bamberg 2020

Elli H. Radinger: Die Weisheit alter Hunde. Gelassen sein, erkennen, was wirklich zählt. Was wir von grauen Schnauzen über das Leben lernen können. 10. Auflage, Ludwig Verlag, München 2018

Louise Hay; David Kessler: Abschied von Haustieren. In: Heile dein Herz. Wege zu Liebe und Kraft bei Trennung, Verlust und Abschied. Allegria Verlag, Berlin 2014

Susanne Orrù-Benterbusch: Was dir mein Herz noch sagen wollte. Hundebotschaften, die die Seele berühren. 6. Auflage, Schirner Verlag, Darmstadt 2018

Sylvia Raßloff: Tierkommunikation und Energetik www.tiere-verstehen.com/

(1) „Hätten Sie vielleicht auch einen älteren Hund?“ www.berner-sennenhunde-in-not.de/index.php?id=177

(2) Hund stirbt an Leberversagen: www.praxistipps.focus.de/hund-stirbt-an-leberversagen-so-greifen-sie-fruehzeitig-ein_128543

(3) , (4) So verhalten sich Tiere kurz vor ihrem Tod: www.herz-fuer-tiere.de/haustiere/hunde/gesundheit-und-vorsorge-bei-hunden/hunde-kurz-vor-dem-tod?

(5) www.bernersennenhund.de/berner-sennenhund-zitate-und-sprueche/

(6) Louise Hay: Herzensweisheiten. 4. Auflage, Lüchow Verlag, Bielefeld 2013, S. 69

FSC
www.fsc.org
MIX
Papier | Fördert
gute Waldnutzung
FSC® C083411

Zeitfracht Medien GmbH
Ferdinand-Jühlke-Straße 7
99095 Erfurt, Deutschland
produktsicherheit@kolibri360.de